インプレスR&D [NextPublishing]

技術の泉 SERIES
E-Book / Print Book

実践 Helm

磯 賢大 著

自作アプリを
Kubernetesクラスタに
簡単デプロイ！

目次

はじめに ……………………………………………………………………………… 7
　この本の想定読者 ……………………………………………………………… 7
　本書の流れ ……………………………………………………………………… 7
　検証バージョン ………………………………………………………………… 8
　サンプルコード ………………………………………………………………… 8

免責事項 ……………………………………………………………………………… 8

表記関係について ………………………………………………………………… 8

底本について ………………………………………………………………………… 8

第1章　Helmの概要・基本構成 ……………………………………………… 9

1.1　具体例で考えるパッケージマネージャーの変遷 ……………………… 9
　1.1.1　オンプレミス・VMのパッケージ管理 ……………………………… 9
　1.1.2　コンテナの利用 ……………………………………………………… 10
　1.1.3　複数のコンテナの連携 ……………………………………………… 11
　1.1.4　コンテナオーケストレーションの利用 …………………………… 13
　1.1.5　Helmの登場 ………………………………………………………… 19

1.2　Helmの特徴・構成 …………………………………………………… 20
　1.2.1　Helmのアーキテクチャーとコンポーネント ……………………… 22

第2章　Kubernetesクラスター構築・Helmインストール …………… 30

2.1　Kubernetesクラスターの構築の選択肢 …………………………… 30
　2.1.1　ブラウザーで利用できるKubernetesを利用する ……………… 30
　2.1.2　Docker for Mac / Docker for WindowsのKubernetes機能を利用する … 30
　2.1.3　マネージドサービスとしてのKubernetesを利用する …………… 31
　2.1.4　オンプレ（VM / ベアメタル）環境にKubernetesをインストールする … 31

2.2　Google Kubernetes Engineの構築 ………………………………… 32
　2.2.1　GCPの有効化 ……………………………………………………… 32
　2.2.2　GKEの構築 ………………………………………………………… 36

2.3　Helmのインストール …………………………………………………… 40

第3章　Helmでアプリケーションをデプロイ ……………………………… 43

3.1　Helmコマンド …………………………………………………………… 43
　3.1.1　Helmコマンド一覧 ………………………………………………… 43
　3.1.2　Helmコマンド解説（抜粋） ……………………………………… 44

3.2　MySQLとPrometheus/GrafanaをHelmでインストールする ……… 53
　3.2.1　MySQLのインストール ……………………………………………… 53
　3.2.2　MySQLにアクセスする ……………………………………………… 54
　3.2.3　values.yamlのデフォルト値を変更してデプロイ ………………… 55
　3.2.4　Prometheus/Grafanaのインストール ………………………… 59

| 第4章 | Helm Chartを自作しよう | 68 |

4.1 Chart作成チュートリアル ……68
- 4.1.1 helm create ……68
- 4.1.2 Templateファイルの作成 ……69
- 4.1.3 Templateファイルを変数化 ……70
- 4.1.4 組み込み変数 ……71
- 4.1.5 Values Fileで変数化 ……72
- 4.1.6 Template FunctionsとPipelines ……74
- 4.1.7 フロー制御 ……76
- 4.1.8 Named Template ……85

4.2 GoアプリケーションをChart化する ……92
- 4.2.1 Helm ChartのTechnical Requirements ……92
- 4.2.2 Chartを作る順番 ……92
- 4.2.3 サンプルアプリ（Happy Helming!）とマニフェスト ……93
- 4.2.4 template化 ……95
- 4.2.5 helm lintによる静的解析 ……104
- 4.2.6 helm testによるテスト ……104
- 4.2.7 Chartのパッケージ ……106
- 4.2.8 Chartリポジトリーへの公開 ……107

| 第5章 | Helm Chartを発展させよう | 111 |

5.1 SubChartsとは ……111

5.2 Happy Helming ChartをSubChart化する ……111
- 5.2.1 Chartの依存関係 ……112
- 5.2.2 values.yamlでSubChartの挙動を定義する ……114
- 5.2.3 NOTES.txtの編集 ……118
- 5.2.4 helm lintによる静的解析 ……120
- 5.2.5 helm testによるテスト ……120
- 5.2.6 Chartのパッケージ ……122
- 5.2.7 Chartリポジトリーの更新 ……123

| 付録A | コマンドチートシート | 128 |

- A.0.1 helm completion ……128
- A.0.2 helm create ……129
- A.0.3 helm delete ……129
- A.0.4 helm dependency ……129
- A.0.5 helm fetch ……130
- A.0.6 helm get ……130
- A.0.7 helm history ……131
- A.0.8 helm home ……131
- A.0.9 helm init ……131
- A.0.10 helm inspect ……131
- A.0.11 helm install ……132
- A.0.12 helm lint ……132
- A.0.13 helm list ……132
- A.0.14 helm package ……132
- A.0.15 helm plugin ……132
- A.0.16 helm repo ……133
- A.0.17 helm reset ……134
- A.0.18 helm rollback ……134

A.0.19	helm search	134
A.0.20	helm serve	135
A.0.21	helm status	135
A.0.22	helm template	135
A.0.23	helm test	135
A.0.24	helm upgrade	135
A.0.25	helm verify	136
A.0.26	helm version	136

付録B　Chart用変数チートシート ···· 137

付録C　Chart用Sprig Functionsチートシート ···· 138

C.1　String Functions ···· 138

C.1.1	trim	138
C.1.2	trimAll	138
C.1.3	trimSuffix	138
C.1.4	trimPrefix	138
C.1.5	upper	138
C.1.6	lower	139
C.1.7	title	139
C.1.8	untitle	139
C.1.9	repeat	139
C.1.10	substr	139
C.1.11	nospace	140
C.1.12	trunc	140
C.1.13	abbrev	140
C.1.14	abbrevboth	140
C.1.15	initials	140
C.1.16	randAlphaNum, randAlpha, randNumeric, randAscii	141
C.1.17	wrap	141
C.1.18	wrapWith	141
C.1.19	contains	141
C.1.20	hasPrefix, hasSuffix	142
C.1.21	quote	142
C.1.22	squote	142
C.1.23	cat	142
C.1.24	indent	142
C.1.25	nindent	143
C.1.26	replace	143
C.1.27	plural	143
C.1.28	snakecase	143
C.1.29	camelcase	143
C.1.30	kebabCase	144
C.1.31	swapcase	144
C.1.32	shuffle	144
C.1.33	regexMatch	144
C.1.34	regexFindAll	144
C.1.35	regexFind	145
C.1.36	regexReplaceAll	145
C.1.37	regexReplaceAllLiteral	145
C.1.38	regexSplit	145

C.2	String Slice Functions		145
	C.2.1	join	145
	C.2.2	splitList	146
	C.2.3	split	146
	C.2.4	splitn	146
	C.2.5	sortAlpha	147
C.3	Math Functions		147
	C.3.1	add	147
	C.3.2	add1	147
	C.3.3	sub	147
	C.3.4	div	147
	C.3.5	mod	148
	C.3.6	mul	148
	C.3.7	max	148
	C.3.8	min	148
	C.3.9	floor	148
	C.3.10	ceil	149
	C.3.11	round	149
C.4	Integer Slice Functions		149
	C.4.1	until	149
	C.4.2	untilStep	149
C.5	Date Functions		150
	C.5.1	now	150
	C.5.2	ago	150
	C.5.3	date	150
	C.5.4	dateInZone	150
	C.5.5	dateModify	150
	C.5.6	htmlDate	151
	C.5.7	htmlDateInZone	151
	C.5.8	toDate	151
	C.5.9	Default Functions	151
	C.5.10	default	151
	C.5.11	empty	151
	C.5.12	coalesce	152
	C.5.13	toJson	152
	C.5.14	toPrettyJson	152
	C.5.15	ternary	152
C.6	Encoding Functions		153
	C.6.1	b64enc	153
	C.6.2	b64dec	153
	C.6.3	b32enc	153
	C.6.4	b32dec	153
C.7	Lists and List Functions		154
	C.7.1	list	154
	C.7.2	first	154
	C.7.3	rest	154
	C.7.4	last	154
	C.7.5	initial	154
	C.7.6	append	155
	C.7.7	prepend	155
	C.7.8	reverse	155

C.7.9	uniq		155
C.7.10	without		156
C.7.11	has		156
C.7.12	slice		156

C.8 Dictionaries and Dict Functions ···································· 156

C.8.1	dict		156
C.8.2	set		157
C.8.3	unset		157
C.8.4	hasKey		157
C.8.5	pluck		157
C.8.6	merge		158
C.8.7	mergeOverwrite		158
C.8.8	keys		158
C.8.9	pick		158
C.8.10	omit		159
C.8.11	values		159

C.9 Type Conversion Functions ···································· 159

C.9.1	atoi		159
C.9.2	float64		159
C.9.3	int		159
C.9.4	int64		160
C.9.5	toString		160
C.9.6	toStrings		160

C.10 File Path Functions ···································· 161

C.10.1	base		161
C.10.2	dir		161
C.10.3	clean		161
C.10.4	ext		161
C.10.5	isAbs		161

C.11 Flow Control Functions ···································· 162

C.11.1	fail		162

C.12 Advanced Functions ···································· 162

C.12.1	UUID Functions		162
C.12.2	uuidv4		162
C.12.3	Semantic Version Functions		162
C.12.4	semver		162
C.12.5	semverCompare		163
C.12.6	Reflection Functions		163
C.12.7	kindOf		163
C.12.8	kindIs		163
C.12.9	Cryptographic and Security Functions		164
C.12.10	sha1sum		164
C.12.11	sha256sum		164
C.12.12	adler32sum		164
C.12.13	derivePassword		164
C.12.14	genPrivateKey		164
C.12.15	genCA		165
C.12.16	genSelfSignedCert		166
C.12.17	genSignedCert		166

はじめに

本書を手に取っていただき、ありがとうございます。本書は、進化が早く日本語のドキュメントの少ないクラウドネイティブの世界にある便利なツールを紹介したい、という気持ちから生まれました。その中でも、強力かつ便利なパッケージマネージャーである**Helm**の使い方から、実際にアプリをデプロイするまでを解説しています。

クラウドネイティブ[1]とは、「モダンかつダイナミックなクラウド環境において、スケーラブルなアプリケーションの開発と実行を担う組織の力を強化するもの」と定義されています。

クラウドネイティブなアプリケーションの開発を進める団体「Cloud Native Computing Foundation」(CNCF)[2]で公開されているプロジェクトは数百を超えます。本書で解説するHelm[3]もこのプロジェクトのひとつで、2019年04月現在、急速に成長中のプロダクトです。

Helmは、コンテナオーケストレーションのデファクトスタンダードツールであるKubernetes[4]とセットで利用します。そのため、Helmでデプロイを行うためには、Kubernetesクラスタを作成する必要があります。そのため、本書の理解にはコンテナ（Docker）とコンテナオーケストレーター（Kubernetes）の知識が必要です。

本書では、Kubernetesクラスタの構築について紹介しますが、Kubernetesのリソースの種類や使い方についてについて解説することはありません[5]。

しかし、Helmの便利さは強力で、Kubernetesにデプロイするためのツールの中でも、最もデファクトスタンダードに近い位置にあります。

GitHubで公開されているテンプレートファイル群である**Chart**（チャート）を利用すれば、JenkinsやGitLabなどの馴染みのあるアプリケーションを簡単にデプロイできます。さらに自作したアプリケーションについても、Chartを作成することで簡単にデプロイできるのです。

本書を通して、その魅力が一端でも伝われば幸いです。

この本の想定読者

・DockerやKubernetesは知っているが[6]、Helmを知らない
・DockerやKubernetesを利用しているが、Helmは使っていない
・Helmを利用しているが、Chartを自作した経験がないので方法を知りたい

本書の流れ

本書は、次の流れでHelmで自作Chartを作るためのフローを経ていきます。
1．第1章では、Helmの概念や基本構成について説明します。

1.CNCF Cloud Native Definition v1.0https://github.com/cncf/toc/blob/master/DEFINITION.md

2.Cloud Native Computing Foundationhttps://www.cncf.io/

3.Helmhttps://docs.helm.sh/

4.Kuberneteshttps://kubernetes.io/

5.これだけで一冊の本ができあがります

6.Docker、Kubernetesをまったく知らない場合、本書の理解は難しいでしょう

2．第2章では、Helmをインストールするための準備として、Kubernetesクラスタ（Google Kubernetes Engine）を作成し、その後Helmをインストールします。

3．第3章では、実際にHelmを利用してOSSソフトウェアのデプロイを行います。

4．第4章では、自作のアプリケーションを簡単にデプロイするために、Helm Chartを作成する方法を説明します。

5．第5章では、第4章で作成したChartをさらに発展させる方法を説明します。

また、AppendixとしてHelmコマンドチートシートとChart組み込み変数一覧、Functionチートシートを収録しています。

検証バージョン

本書でのHelmのバージョンは、クライアント・サーバーともに**2.13.0**で検証しています。これと異なる環境では、説明の内容や動作の紹介などが異なる場合があります。

サンプルコード

サンプルコード（Chart）は、次のURLからダウンロードできます。

https://github.com/govargo/sample-charts

免責事項

本書に記載された内容は、情報の提供のみを目的としています。したがって、本書を用いた開発、製作、運用は、必ずご自身の責任と判断によって行ってください。これらの情報による開発、製作、運用の結果について、著者はいかなる責任も負いません。

表記関係について

本書に記載されている会社名、製品名などは、一般に各社の登録商標または商標、商品名です。会社名、製品名については、本文中では©、®、™マークなどは表示していません。

底本について

本書籍は、技術系同人誌即売会「技術書典6」で頒布されたものを底本としています。

第1章 Helmの概要・基本構成

　本章では、Helmの概要・基本構成を紹介します。コンテナ以前のパッケージマネージャーから、コンテナ以降のパッケージマネージャーの変遷などを理解しつつ、Helmの構成や利点を深掘りします。

　HelmはKubernetesの周辺エコシステムのひとつで、Helmの利用にはKubernetesクラスターとHelmClientとHelmServerのインストールが必要です。実際のインストールは、第2章「Kubernetesクラスター構築・Helmインストール」で解説します。

1.1　具体例で考えるパッケージマネージャーの変遷

　繰り返し述べていますが、HelmとはKubernetesのパッケージマネージャーです。Helmの概要に触れる前に、まずパッケージマネージャーの変遷について考察します。

　ここでの「パッケージマネージャー」とは、**OSの上でソフトウェアの導入・更新・削除などの管理や、ソフトウェア・ミドルウェア間の依存関係を管理するシステム**を指します。

1.1.1　オンプレミス・VMのパッケージ管理

　Linuxにおけるパッケージマネージャーには、Red Hat Linux系の「Yum」やDebian系の「APT」があります。またNode.jsでのパッケージマネージャーである「npm」も有名です。

　たとえばRed Hat Linux系サーバーに、WebサーバーのApacheをインストールする場合は、次のコマンドを実行します。

```
$ yum install -y httpd
```

　またDebian系のサーバーに同じくApacheをインストールする場合は、次のコマンドを実行します。

```
$ aptitude -y install apache2
```

　パッケージマネージャーを利用すれば、ライブラリの依存関係を気にすることなく、ソフトウェアを容易に導入できます。

　しかし、ビルドサーバーのJenkinsをCentOS7のサーバーにインストールする場合を考えてみます。CentOS7のサーバーにJenkinsをインストールするには、次のコマンドを実行する必要があります。

第1章　Helmの概要・基本構成　│　9

```
# JDKのインストール
$ yum -y install java-1.8.0-openjdk
# リポジトリの設定
$ curl -o /etc/yum.repos.d/jenkins.repo \
https://pkg.jenkins.io/redhat-stable/jenkins.repo
$ rpm --import https://pkg.jenkins.io/redhat-stable/jenkins.io.key
# jenkinsのインストール
$ yum -y install jenkins
# サービスの有効化
$ systemctl enable jenkins
# サービスの開始
$ systemctl start jenkins
```

図 1.1: CentOS7 上に Jenkins を構築する例

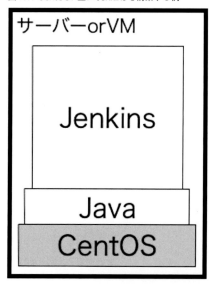

このように、「コマンドひとつで簡単インストール」というわけにはいきません。JenkinsはMaster・Slave構成を取ることもできます。当然Slave構成を取る場合はサーバーを用意し、JavaやGitなどの必要なミドルウェアを自分で設定する必要があります。

1.1.2 コンテナの利用

YumやAPTを利用するのはオンプレミスのサーバーやVMにソフトウェアを入れる場合のユースケースですが、ここでコンテナを利用すると導入が容易になります。

コンテナの特徴のひとつに「Build Once. Run Anywhere」という言葉があります。文字通り、一度構築してしまえばDockerが動く環境ならばどこでも実行が可能になるのです。

Jenkinsをコンテナで構築・実行する場合は、次のDockerコマンドを実行します。

```
$ docker run -p 8080:8080 -p 50000:50000 jenkins
```

図1.2: DockerでJenkinsを構築する例

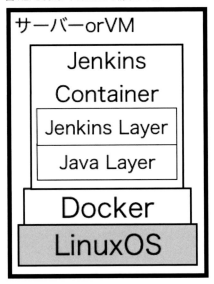

YumやAPTを利用する場合より、コマンドひとつで起動できる分、非常に構築が簡単です。

1.1.3 複数のコンテナの連携

単純にJenkinsサーバーを立てるだけならこれで完了です。では、続いてMaster・Slave構成を立てるケースを考えてみます。

これを実現するには

1. Jenkins Masterコンテナ（一個）
2. Jenkins Slaveコンテナ（N個）

の2種類のコンテナを起動し、連携させる必要があります。複数のコンテナを起動させるために、次のdocker-compose.ymlを起動します。

リスト1.1: docker-compose.yml

```
version: "3"
services:
  master:
    container_name: jenkins-master
    image: jenkins
    ports:
      - 8080:8080
      - 50000:50000
```

```
      volumes:
        - ./jenkins_home:/var/jenkins_home

    slave:
      container_name: jenkins-slave
      image: jenkinsci/slave
      command: java -jar /usr/share/jenkins/slave.jar \
               -jnlpUrl http://master:8080/computer/agent/slave-agent.jnlp
      links:
        - master
```

図 1.3: DockerCompose で Master・Slave を構築する例

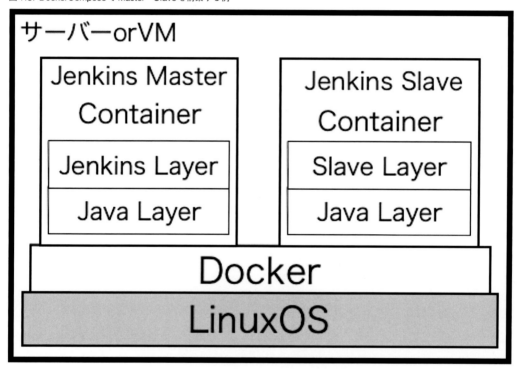

　docker-compose コマンドで実行すると、コンテナが起動し、Jenkins の Master・Slave サーバーがそれぞれ立ち上がります。

　正確には、初回起動は Master コンテナのみ成功し、Slave コンテナは起動に失敗します。Jenkins で Slave 構成を取るには、Master コンテナ側にノードの設定が必要なためです。公式 Jenkins イメージは、起動直後に手作業での初回設定作業が必要になります。初回設定作業後にはメニュー「Jenkins の管理」から「ノードの管理」で Slave サーバーのノードを追加しておく必要があります。
　また、デフォルトでセキュリティー設定が有効なため、Slave の実行コマンドにオプションでシークレットを渡す必要もあります。リスト 1.1 は分かりやすさ優先でセキュリティー設定を無効に設定した場合の例です。本書では細かい

設定については触れませんが、参考になるリンクを次に掲載しますので参照してください。
・https://hub.docker.com/r/jenkins/slave/
・https://qiita.com/i_whammy_/items/84b71c56d70817803472

```
$ docker-compose up
```

コンテナにすると非常に簡単に立ち上がり、Docker Compose を利用すれば複数コンテナの立ち上げも簡単になりました。さて、これでもう簡易化は十分でしょうか？

複数のコンテナを扱える Docker Compose も、エンタープライズでの利用においては不十分です。そのデメリットとして、次の点が挙げられます。
・コンテナの管理を自分で行う必要がある。プロセスが止まったら再び自分で復旧しなければならない
・複数のコンテナがひとつのホストで立ち上がるため、システムリソースが競合することがある
・ひとつのホストで複数のコンテナが立ち上がるため、ポートがバインディングをしないように設計する必要がある
ではどうすれば複数のコンテナを利用しつつ、これらのデメリットを克服できるでしょうか？

1.1.4　コンテナオーケストレーションの利用

そこで登場するのが Kubernetes です。
「コンテナオーケストレーションツール」である Kubernetes の利用で、主に次のメリットが得られます。
・Self Healing（自己回復）
・Immutable Infrastructure（不変なサーバー基盤）
・AutoScaling（自動的な規模の調整）
・etc...
Kubernetes はエンタープライズで利用される例が増えており、コンテナオーケストレーションのデファクトスタンダードといえます。
さっそく Kubernetes を利用して Jenkins を構築します。
実行する対象ファイルは7つあります。対象ファイルは次のリンクを参照してください。
・https://github.com/govargo/container/tree/master/kubernetes/jenkins
ここでは、中でももっとも重要なファイルとして deployment.yml を抜粋します。

リスト1.2: deployment.yml

```yaml
apiVersion: apps/v1beta1
kind: Deployment
metadata:
  name: jenkins
  labels:
    app: jenkins
spec:
  replicas: 1
  strategy:
    type: RollingUpdate
  selector:
    matchLabels:
      app: "jenkins"
  template:
    metadata:
      labels:
        app: jenkins
    spec:
      securityContext:
        runAsUser: 0
      serviceAccountName: jenkins
      initContainers:
        - name: "copy-default-config"
          image: "jenkins/jenkins:lts"
          imagePullPolicy: "Always"
          command: [ "sh", "/var/jenkins_config/apply_config.sh" ]
          volumeMounts:
            - mountPath: /var/jenkins_home
              name: jenkins-home
            - mountPath: /var/jenkins_config
              name: jenkins-config
            - mountPath: /var/jenkins_plugins
              name: plugin-dir
            - mountPath: /usr/share/jenkins/ref/secrets/
              name: secrets-dir
      containers:
        - name: jenkins
          image: "jenkins/jenkins:lts"
          imagePullPolicy: "Always"
          args: [ "--argumentsRealm.passwd.$(ADMIN_USER)=$(ADMIN_PASSWORD)",
```

```yaml
          "--argumentsRealm.roles.$(ADMIN_USER)=admin"]
env:
  - name: ADMIN_PASSWORD
    valueFrom:
      secretKeyRef:
        name: jenkins
        key: jenkins-admin-password
  - name: ADMIN_USER
    valueFrom:
      secretKeyRef:
        name: jenkins
        key: jenkins-admin-user
ports:
  - containerPort: 8080
    name: http
  - containerPort: 50000
    name: slavelistener
livenessProbe:
  httpGet:
    path: "/login"
    port: http
  initialDelaySeconds: 90
  timeoutSeconds: 5
  failureThreshold: 12
readinessProbe:
  httpGet:
    path: "/login"
    port: http
  initialDelaySeconds: 60
volumeMounts:
  - mountPath: /var/jenkins_home
    name: jenkins-home
    readOnly: false
  - mountPath: /var/jenkins_config
    name: jenkins-config
    readOnly: true
  - mountPath: /usr/share/jenkins/ref/plugins/
    name: plugin-dir
    readOnly: false
  - mountPath: /usr/share/jenkins/ref/secrets/
    name: secrets-dir
```

```
            readOnly: false
  volumes:
  - name: jenkins-config
    configMap:
      name: jenkins
  - name: plugin-dir
    emptyDir: {}
  - name: secrets-dir
    emptyDir: {}
  - name: jenkins-home
    emptyDir: {}
```

　kubectlでYAMLファイルを適用すると、記述に対応したコンテナや設定ファイルとサービスディスカバリ[1]が生成されます。Kubernetesでは、「Pod」が実行される最も小さな単位になります。Podはひとつ以上のコンテナの集合を指します。

```
# ファイルをダウンロード
$ git clone https://github.com/govargo/container.git
$ cd container/kubernetes
# Jenkinsコンテナを起動
$ kubectl apply -f ./jenkins
```

図1.4: KubernetesでMaster・Slaveを構築する例

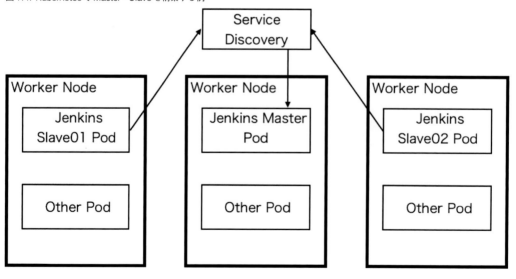

---

1. 簡単にいうとPodにアクセスするための仕組みです。参照: https://kubernetes.io/docs/concepts/services-networking/service/

16　第1章　Helmの概要・基本構成

Podの起動は、次のコマンドで確認できます。

```
$ kubectl get pods
NAME READY STATUS RESTARTS AGE
jenkins-b88f6b99d-gwfx8 0/1 Running 0 1m
```

　Podが起動し、STATUSが「Running」かつREADYが「1/1」になると、Jenkinsが起動しています。「jenkins-b88f6b99d-gwfx8」というPodには、JenkinsのMasterコンテナのみが含まれています。これはJenkinsのSlaveコンテナは含まれていない、という意味ではありません。JenkinsのKubernetes Pluginでは、PodTemplate[2]というかたちでJenkinsのSlaveが設定ファイルに定義されています[3]。起動したJenkinsでジョブを作成してジョブを実行すると、このためのJenkins SlaveサーバーのPodが起動します。

　例として、図1.5のシェルを実行するジョブを設定して実行することで、Slaveサーバーが立ち上がるまでを確認してみます。

図1.5: シェルを実行するジョブを定義

　メニュー「ビルドを実行」を選択すると、実行可能なノードが作成されるまで、ジョブが図1.6のように待機する状態になります。Podの状態を確認すると、イメージをプルしてコンテナを作成しようとしていることが分かります。

2.Kubernetes-plugin PodTemplate https://github.com/jenkinsci/kubernetes-plugin
3. サンプルコードはこちら https://github.com/govargo/container/blob/master/kubernetes/jenkins/config.yml#L30

図1.6: ノード作成を待機中

```
$ kubectl get pods --watch
NAME READY STATUS RESTARTS AGE
jenkins-b88f6b99d-gwfx8 1/1 Running 0 6m
default-xvqf6 0/1 Pending 0 0s
default-xvqf6 0/1 ContainerCreating 0 0s
```

　Jenkins Slaveサーバーが立ち上がると、JNLPというプロトコルでMasterサーバーに接続しようとします。図1.7でSlaveが登場しましたが、オフライン状態です。

図1.7: ノード接続中

```
$ kubectl get pods --watch
NAME READY STATUS RESTARTS AGE
jenkins-b88f6b99d-gwfx8 1/1 Running 0 6m
default-xvqf6 0/1 Pending 0 0s
default-xvqf6 0/1 ContainerCreating 0 0s
```

```
default-xvqf6  0/1  Running  0  0s
```

Slaveサーバーの接続が完了して準備が完了すると、定義したジョブが実行されます。図1.8の実行が完了すると、PodのSTATUSも「Running」から「Completed」に変化します。

図1.8: ジョブ実行完了

```
$ kubectl get pods --watch
NAME READY STATUS RESTARTS AGE
jenkins-b88f6b99d-gwfx8 1/1 Running 0 6m
default-xvqf6 0/1 Pending 0 0s
default-xvqf6 0/1 ContainerCreating 0 0s
default-xvqf6 0/1 Running 0 0s
default-xvqf6 1/1 Running 0 0s
default-xvqf6 0/1 Completed 0 0s
```

Kubernetesでは、システムリソースの状況を監視し、Kuberentes側でコンテナの最適な配置を実施します。Slaveサーバーのように複数のPodを一斉に実施したい場合でも、Kubernetesが最適な管理を実施します。

では、今度こそ簡易化は充分でしょうか？

1.1.5 Helmの登場

Kubernetesはコンテナオーケストレーションのデファクトスタンダードであり、強力なツールであることは間違いありません。しかし、次のようなデメリット（あるいは障害）も存在します。

- 教育コストの高さ：Kubernetesは複数のリソースを組み合わせて扱うため、これらを学習する必要がある
- Wall of YAML：KubernetesはYAML形式のファイルで環境定義を記載するため、ひとつのアプリケーションを定義するために大量のYAMLを書く必要がある
- 変化の速さ：クラウドネイティブ全般にいえますが、変化が非常に早いために組織で利用する場合その変化の速さに適応する文化の醸成が必要になる
- etc…

そこで本書のテーマである「Helm」が登場します。

Helmの公式サイトでは次の言葉がトップページに載っています。

> Helm is the best way to find, share, and use software built for Kubernetes.
> ―HelmはKubernetesで構築するソフトウェアを検索・共有・利用するための最良の方法である。

Helmが実現するのは、次に上げる利点です。

・複雑なYAMLを意識せずに、主要なアプリケーションをコマンドひとつでKubernetes上に展開可能
・パラメータを変えることで、オンプレミス・パブリッククラウドなど環境に合わせたり、永続化を利用の有無を選択したりできる
・Chartと呼ばれるフォーマットから、アプリケーションのYAMLファイルを取得することが可能
・Chartを自作することで、自作アプリのデプロイもコマンドひとつで可能

特に強力なメリットが**複雑なYAMLを意識せずに、主要なアプリケーションをコマンドひとつでKubernetes上に展開可能**なことでしょう。

これまで例に挙げてきた、Jenkinsの構築をHelmで実現させるには次のコマンドを実行します。

```
helm install stable/jenkins
```

つまり、helmコマンドひとつでJenkinsが立ち上がります。

Kubernetesで実行する時もkubectlのコマンドひとつで立ち上がりましたが、実行対象のYAMLファイルを複数用意する必要がありました。Helmを利用すれば、自前でYAMLファイルを用意する必要がありません。[4]まさに「Kubernetesで構築するソフトウェアを検索・共有・利用するための最良の方法」といえます。

次項からはHelmについてさらに詳しく紹介しますので、最大限Helmを有効活用しましょう。

1.2　Helmの特徴・構成

あらためてHelmの特徴や構成を紹介します。その前に、Helmを利用するにあたりよく出てくる単語を表1.1にまとめます。

表1.1: Helmで利用するテクニカルターム

要素	概要
Chart	Helmで利用するパッケージのテンプレート
Helm Client	Helmを操作するためのコマンドラインツール
Tiller	Kubernetesクラスター上で稼働するHelmのサーバー
Release	Chartをデプロイした単位
リポジトリー	Chartを保管しているリポジトリーサーバー

---

4. 自前で作成する必要がないものは、すでに目的のChartが公開されている場合に限ります

20　第1章　Helmの概要・基本構成

表1.1の内容についての詳細は後述します。ただし、Helmの説明にあたり**Chart**という単語が頻出します。**Chartがパッケージのテンプレート**だという点は、まず頭に入れておいてください。

これまで見てきたとおり、HelmはKuberentesのパッケージマネージャーとして、簡単にアプリケーションをデプロイできます。

Helmを利用するためにはChartの作成が必要です。Helm Chartの公式GitHub[5]にはすでに多くのChartが公開されており、ライセンスに則れば誰でも利用できます。何かアプリケーションをKubernetesにデプロイしたいと考えたとき、すでに公開されているChartがあればこれを利用することも可能です。

公開されているChartには、安定した「Stable」版と、Stableには昇格はしていないが、Chartとして利用可能な「Incubator」版があります。デフォルトではHelmに登録されているリポジトリーはStableだけです。IncubatorのChartを利用したい場合は、リポジトリーを手動で追加する必要があります。加方法は第3章「Helmでアプリケーションをデプロイ」にて説明します。2019年4月時点で利用可能なソフトウェアのChartには、次のものがあります。

1.2.0.1　Stable（一部抜粋）

・https://github.com/helm/charts/tree/master/stable

— docker-registry

— fluentd

— elasticsearch

— envoy

— gitlab-ce

— grafana

— hadoop

— jenkins

— kibana

— minecraft

— mongodb

— mysql

— prometheus

— redis

— selenium

— etc...

1.2.0.2　Incubator（一部抜粋）

・https://github.com/helm/charts/tree/master/incubator

— cassandra

— etcd

5.Helm Charthttps://github.com/helm/charts

—istio

—jaeger

—kafka

—vault

—zookeeper

—etc...

　Helmの公式Chartは、Docker Hubでコンテナイメージ探すために、HelmHub[6]というサイトで検索できます。

図1.9: Helm Hub Datadog Chartの例

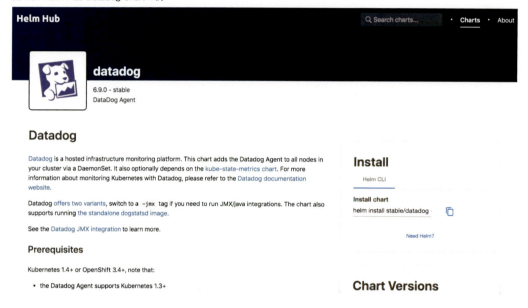

1.2.1　Helmのアーキテクチャーとコンポーネント

　本章のテーマである、Helmの基本構成について説明します。

　Helmはクライアント・サーバー構成のソフトウェアです。個別に詳細を説明する前に、Helm全体のアーキテクチャーを図1.10の概要図で確認してみましょう。なお図1.10や本書で説明しているHelmは**バージョンが2系**のものです。執筆時点（2019年04月現在）3系の開発が進んでいます。このHelm v3ではTillerサーバーが廃止され、構成がシングルサービスアーキテクチャーに変更になります。詳細は次のリンクを参照してください。

・https://github.com/helm/community/blob/master/helm-v3/000-helm-v3.md#summary

---

6.Helm hubhttps://hub.helm.sh/

図1.10: Helmアーキテクチャー全体概要図

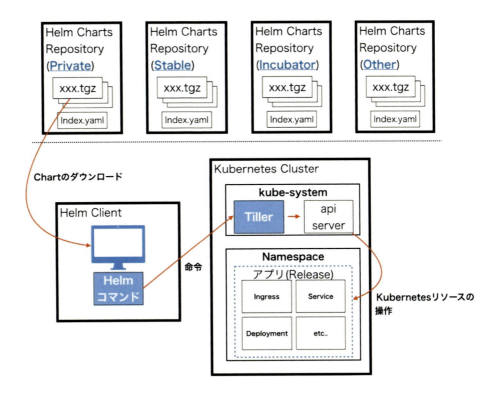

　Go言語で書かれたHelmClientが、Kubernetesクラスター上で稼働するTillerサーバーと応答することで、Kubernetes上にソフトウェアの構築や削除を行います。

1.2.1.1　HelmClientとTiller

　Tillerは、Kubernetesクラスターの「kube-system」というシステム用の名前空間上で、コンテナとして稼働します。HelmClientは、gRPCプロトコルでTillerと応答します。そして、TillerがREST API通信でKubernetesのAPI Serverに、HelmClientからの命令を伝達します。

1.2.1.2　Helm Chartsリポジトリー

　構築するソフトウェアは、パッケージのテンプレートであるChartに定義が詰め込まれています。
　Chartはtgz形式で固められており、通常はHelm Chartsリポジトリーから取得をします[7]。Chartリポジトリーには、公式リポジトリーや企業が公開しているリポジトリーがあります。外部に公開したくないChartを配置するためにプライベートリポジトリーを構築することも可能です。GitHubやGitLabなどのGitリポジトリーにtgz形式のChartを配置することでHelmリポジトリーとして利用できます。リポジトリーにはCharts（複数個のChart）の目録となるindex.yamlを配置します。

---

7. ローカル端末で作成したChartをリポジトリーに配置せず利用することも可能です

リスト1.3: Helm Repository の例

```
charts/
├──    index.yaml          Chartsの目録
├──    alpine-0.1.2.tgz    Alpine Chart
├──    nginx-1.1.0.tgz     Nginx Chart
└──    ...
```

リスト1.4はindex.yamlの例です。

リスト1.4: index.yaml

```
apiVersion: v1
entries:
  alpine:
    - created: 2016-10-06T16:23:20.499814565-06:00
      description: Deploy a basic Alpine Linux pod
      digest: 99c76e403d752c84ead610644d4b1c2f2b453a74b921f422b9dcb8a7c8b559cd
      home: https://k8s.io/helm
      name: alpine
      sources:
      - https://github.com/helm/helm
      urls:
      - https://technosophos.github.io/tscharts/alpine-0.2.0.tgz
      version: 0.2.0
    - created: 2016-10-06T16:23:20.499543808-06:00
      description: Deploy a basic Alpine Linux pod
      digest: 515c58e5f79d8b2913a10cb400ebb6fa9c77fe813287afbacf1a0b897cd78727
      home: https://k8s.io/helm
      name: alpine
      sources:
      - https://github.com/helm/helm
      urls:
      - https://technosophos.github.io/tscharts/alpine-0.1.0.tgz
      version: 0.1.0
  nginx:
    - created: 2016-10-06T16:23:20.499543808-06:00
      description: Create a basic nginx HTTP server
      digest: aaff4545f79d8b2913a10cb400ebb6fa9c77fe813287afbacf1a0b897cdffffff
      home: https://k8s.io/helm
      name: nginx
      sources:
      - https://github.com/helm/charts
```

```
    urls:
    - https://technosophos.github.io/tscharts/nginx-1.1.0.tgz
    version: 1.1.0
generated: 2016-10-06T16:23:20.499029981-06:00
```

　HelmClientはChartリポジトリーからChartをダウンロードします。HelmClientがインストール
されている環境とChartリポジトリーの間は、当然ですがネットワークが疎通している必要がありま
す。Helmをインストールすると、初期状態では公式Stableリポジトリー[8]とローカルリポジトリー[9]
だけが利用可能です。

1.2.1.3　ChartとRelease

　Chartは「海図」という意味です。これまで説明してきたように、これはHelmで利用するパッケー
ジのテンプレートです。Go言語のテンプレート書式で記述されたテキストファイルやYAMLファ
イルの集合、ライセンス表記やインストール時の注意書きなどがtgz形式でまとめられています。

　Chartは、他のChartを利用する（＝依存関係をもつ）ことも可能です。Chart内に、別のChart
を物理的にコピーする形で利用できます。Chartを利用してKubernetesクラスターにデプロイする
と、TillerはReleaseという単位でKubernetesリソースを作成します。Releaseには必ず名前が付与
されます。Chartのインストール時に任意の名前を付けることが可能で、省略した際はランダムな
名前が付与されます。ReleaseはChartのデプロイの単位ですが、名前が重複しなければ複数個の同
じChartをReleaseすることができます。

```
# NGな例 (Release名が重複している)
$ helm install stable/jenkins --name jenkins
NAME: jenkins
LAST DEPLOYED: Fri Mar 8 10:40:19 2019
NAMESPACE: default
STATUS: DEPLOYED
$ helm install stable/jenkins --name jenkins
Error: a release named jenkins already exists.
Run: helm ls --all jenkins; to check the status of the release
Or run: helm del --purge jenkins; to delete it

# OKな例 (Release名が重複していない)
$ helm install stable/jenkins --name jenkins01
NAME: jenkins01
LAST DEPLOYED: Fri Mar 8 10:45:48 2019
NAMESPACE: default
STATUS: DEPLOYED
$ helm install stable/jenkins --name jenkins02
NAME: jenkins02
LAST DEPLOYED: Fri Mar 8 10:46:38 2019
```

8.Helm Stable Repositoryhttps://kubernetes-charts.storage.googleapis.com

9.Helm Local Repositoryhttp://127.0.0.1:8879/charts

第1章　Helmの概要・基本構成　│　25

```
NAMESPACE: default
STATUS: DEPLOYED
```

続いてChartの構成を説明します。自作のChartを作成するためには、必須の知識になります。自作はせず、既存のChartを利用したいだけの方は本節を読み飛ばしていただいても構いません。

Chartの構成を説明する例として、公式ドキュメント[10]にあるWordpress Chartリスト1.5で説明します。

リスト1.5: Chartのディレクトリー構成

```
wordpress/
├── .helmignore          tgzファイルに固める際に除外するファイルの一覧
├── Chart.yaml           Chartに関する情報
├── LICENSE              オプション：Chartのライセンス
├── README.md            オプション：Chartの説明
├── requirements.yaml    オプション：チャートが依存している他のチャートの一覧
├── values.yaml          Chartで設定するデフォルトの設定値
├── charts/              Chartが依存する他のChart（依存関係がない場合は省略）
│   └── mariadb/
└── templates/           Kubernetesのマニフェストファイル群
    ├── NOTES.txt        ソフトウェアの利用方法（アクセス方法やコマンドなど）
    ├── _helpers.tpl     template内で利用可能な変数を定義するヘルパー
    ├── deployment.yaml  Kuberentesのマニフェストファイル
    └── ...
```

自作Chartの場合、リスト1.5の中で特に重要になるのがChart.yaml、values.yaml、templatesディレクトリーです。

Wordpress ChartのChart.yamlの中身はリスト1.6です。Chartの説明やソースリポジトリーなどの情報が記載されています。

リスト1.6: Chart.yaml

```
appVersion: 5.1.0
description: Web publishing platform for building blogs and websites.
engine: gotpl
home: http://www.wordpress.com/
icon: https://bitnami.com/assets/stacks/wordpress/img/wordpress-stack-220x234.png
keywords:
- wordpress
- cms
- blog
```

10.Helm Chart Structure https://helm.sh/docs/developing_charts/#the-chart-file-structure

```
- http
- web
- application
- php
maintainers:
- email: containers@bitnami.com
  name: Bitnami
name: wordpress
sources:
- https://github.com/bitnami/bitnami-docker-wordpress
version: 5.2.3
```

　Wordpress Chart の values.yaml の中身の一部がリスト1.7です。values.yaml は YAML 形式で、template 配下の Kubernetes マニフェストに利用する変数とその値を定義した設定ファイルです。

リスト 1.7: values.yaml（抜粋）

```
## Global Docker image registry
## Please, note that this will override the image registry for all the images,
 including dependencies, configured to use the global value
##
# global:
#   imageRegistry:

## Bitnami WordPress image version
## ref: https://hub.docker.com/r/bitnami/wordpress/tags/
##
image:
  registry: docker.io
  repository: bitnami/wordpress
  tag: 5
  ## Specify a imagePullPolicy
  ## Defaults to 'Always' if image tag is 'latest', else set to 'IfNotPresent'
  ## ref: http://kubernetes.io/docs/user-guide/images/#pre-pulling-images
  ##
  pullPolicy: IfNotPresent
  ## Optionally specify an array of imagePullSecrets.
  ## Secrets must be manually created in the namespace.
  private-registry/
  ##
  # pullSecrets:
  #   - myRegistrKeySecretName
（以下省略）
```

第 1 章　Helm の概要・基本構成 | 27

values.yaml内に「image」というマッピングハッシュがあります。この「image」以下に、「image.repositry: bitnami/wordpress」や「image.tag: 5」とkey:valueの変数が定義されています。このvalue部分を変えることで、Kubernetesのマニフェストの挙動を変えることが可能になります。たとえば「image.tag: 5」を「image.tag: 5.1.0」に変えることで、KubernetesにデプロイするDockerイメージが「bitnami/wordpress:5」から「bitnami/wordpress:5.1.0」に変わります。このように、values.yamlでの値を変更することで、ソフトウェアの挙動や設定を変更できます。

逆に、values.yamlに記載されていないものを変更したい場合は、Chartを自分で編集する必要があります。たとえば、コンテナの多くでは、ほとんどのタイムゾーンがGTMやラテン系のタイムゾーンになっており、日本時間で動かすためには環境変数で「TZ: Asia/Tokyo」を適用する必要があります。values.yamlに環境変数やTZの値を自由に定義できるセクションがあれば問題ありませんが、存在しない場合は自分でChartを編集し、TZの値をvalues.yamlで定義できるように変更する必要があります。

templateディレクトリー配下には、Kubernetesのマニフェストファイル群が配置されています。Wordpressのtemplate配下にあるdeployment.yamlの中身の一部がリスト1.8です。

リスト1.8: deployment.yaml（抜粋）

```
apiVersion: extensions/v1beta1
kind: Deployment
metadata:
  name: {{ template "wordpress.fullname" . }}
  labels:
    app: "{{ template "wordpress.fullname" . }}"
    chart: "{{ template "wordpress.chart" . }}"
    release: {{ .Release.Name | quote }}
    heritage: {{ .Release.Service | quote }}
spec:
  selector:
    matchLabels:
      app: "{{ template "wordpress.fullname" . }}"
      release: {{ .Release.Name | quote }}
  replicas: {{ .Values.replicaCount }}
  template:
（一部省略）
    spec:
（一部省略）
      containers:
      - name: wordpress
        image: {{ template "wordpress.image" . }}
        imagePullPolicy: {{ .Values.image.pullPolicy | quote }}
```

28 | 第1章 Helmの概要・基本構成

リスト1.8のdeployment.yamlを見ると「{{ template "wordpress.xxxx" }}」や「{{ .Release.XXXXX }}」のように波括弧が二重にかかっている箇所が多数存在します。これがマニフェストファイルのうち、変数定義されている箇所にあたります。

values.yamlで定義していた「image.repositry: bitnami/wordpress」や「image.tag: 5」などの変数値がデプロイ時に展開されます。そのため、「containers[wordpress].image」の変数箇所には、「bitnami/wordpress:5」が値として展開されます。図1.11がそのイメージ図です。

図1.11: templateとvalues.yamlの関係性

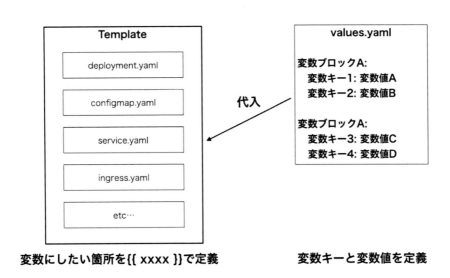

現時点では、Kubernetesのマニフェストファイルに変数を定義し、変数値の定義をvalues.yamlに持たせている、という程度の理解で問題ありません。HelmのChartはYAML形式で、人間に読みやすい形とはいえ、大量のYAMLファイルを扱います。これは「Wall of YAML（YAMLの壁）」といわれることもあります。

Helmの公式ドキュメントでもスモールスタートできるようチュートリアルが公開されています[11]。本書でも第4章「Helm Chartを自作しよう」で、より詳細に解説します。少しずつ壁を乗り越えましょう。

Helmの概要は理解できましたか？次章では、いよいよHelmのインストールに移ります。

11.The Chart Template Developer's Guide https://helm.sh/docs/chart_template_guide/#the-chart-template-developer-s-guide

第2章　Kubernetesクラスター構築・Helmインストール

　本章では、Helmのインストールを実施します。第1章「Helmの概要・基本構成」で説明したとおり、Helmクライアントとサーバーを用意する必要があります。

　Helmのインストールには Kubernetes クラスターが必要です。まず Kubernetes クラスターを準備し、その後に Helm をインストールします。

2.1　Kubernetesクラスターの構築の選択肢

　それでは Kubernetes クラスターを構築します。Kuberentes のクラスターを構築する条件として、Master と Slave 構成を取る必要があります。

　Kubernetes クラスターを作成するには次の手段があります。順番に難易度が高くなります。ここでの難易度は、個人での作成のしやすさを想定しています。

　1．ブラウザーで利用できる Kubernetes を利用する

　2．Docker for Mac / Docker for Windows の Kubernetes 機能を利用する

　3．マネージドサービスとしての Kubernetes を利用する

　4．オンプレ（VM / ベアメタル）環境に Kubernetes を構築する

　ここで1〜4までの構築方法について簡単に説明します。

2.1.1　ブラウザーで利用できるKubernetesを利用する

　まず1の「ブラウザーで利用できる Kubernetes を利用する」ですが、次のサービスでアカウントを登録すれば、無料で Kubernetes を操作することができます。

・PlaywithKubernetes

・Katacoda

　これらのサービスは Kubernetes クラスターを自分で作らずに、その機能だけを学習するのが主な目的です。そのため、今回の Helm インストールをするための環境としては利用しません。

2.1.2　Docker for Mac / Docker for WindowsのKubernetes機能を利用する

　続いて2の「Docker for Mac / Docker for Windows の Kubernetes 機能を利用する」です。これはローカル端末に Docker CE を入れて、その副機能として Kubernetes を扱うことを指します。簡単な環境構築や検証を、Docker for Mac（Windows）上の Kubernetes で試すケースが多いでしょう。

　これらは手軽にできる反面、Mac の場合は Mac を所有している必要があり、Windows の場合は Windows10 Pro か Enterprise などの Hyper-V が動く環境が前提になります。また当然ですが、Master/Worker が合計1台という特性上、処理が重いソフトウェアの起動には向きません。そのた

30　　第2章　Kubernetes クラスター構築・Helm インストール

め、本書ではHelmインストールをするための環境としては利用しません。

本書では詳細を取り扱いませんが、Docker for Macの所有者がHelmをインストールするためのコマンドのみ記載します（インストールにはHomebrew[1]が必要です）。

```
# Install Helm Client
$ brew install kubernetes-helm

# Init Helm Server(TIller)
$ helm init
```

2.1.3 マネージドサービスとしてのKubernetesを利用する

3の「マネージドサービスとしてのKubernetesを利用する」は、クラウド事業者が提供しているKubernetesサービスを利用する方法です。マネージドサービスといっても、Master/Workerノードの管理の有無やバージョンアップ方式などが提供事業者によって異なります。世界3大クラウド（AWS、Azure、GCP）には、それぞれKubernetesサービスがあります。

- EKS: Amazon Elastic Container Service for Kubernetes[2]
- AKS: Azure Kubernetes Service[3]
- GKE: Google Kubernetes Engine[4]

本書では、3つのサービスの中で一番早くサービスがリリースされ、機能が充実しているGKEでクラスターを作成します。クラウドサービスの利用になるためクレジットカードの登録が必要になります。2019年4月現在、GCPでは登録後12ヶ月間は300ドル分の利用が無料です。有料アカウントに手動でアップグレードしない限り、300ドル分の無料トライアル期間を過ぎた後も自動で課金されることはありません。

GCPの登録とGKEでのクラスター構築方法については「2.2 Google Kubernetes Engineの構築」で説明します。

2.1.4 オンプレ（VM / ベアメタル）環境にKubernetesをインストールする

4の「オンプレ（VM / ベアメタル）環境にKubernetesをインストールする」はサーバーを自前で用意/レンタルしてその上にKubernetesクラスターを構築する方法です。サーバーの用意からOSのセットアップ、ミドルウェアのインストール、Kubernetesクラスターの構築など難易度が一番高い方法でもあります。一家に一台Kubernetesの時代として、Raspberry Piを使って手軽（？）にクラスターを作る方法もインターネット上で公開されています[5]。

サーバーを複数台用意した後に、Kubernetesクラスターを構築する方法が数多く提供されていま

1.Homebrewhttps://brew.sh/index_ja
2.EKShttps://aws.amazon.com/jp/eks/
3.AKShttps://docs.microsoft.com/ja-jp/azure/aks/
4.GKEhttps://cloud.google.com/kubernetes-engine/?hl=ja
5.おうちKuberneteshttps://developers.cyberagent.co.jp/blog/archives/14721/

す。有名な方法として次の方法があります。

・公式ツールであるkubeadm[6]

・Ansibleを使ったkubespray[7]

・マルチKubernetesクラスターを管理可能なRancher[8]

・ツールを一切使わず全てのコンポーネントを自分で構築/設定する「Kubernetes The Hard Way」[9]

特に「Kubernetes The Hard Way」はKubernetesそのものの理解が高まるため、Kubernetesを詳細に知りたい方には推奨されています。

本書ではこれらの方法は取り扱いません。

2.2 Google Kubernetes Engineの構築

それでは本節でGKEを構築していきます。

2.2.1 GCPの有効化

GKEを構築するためにGCPの登録が必要になります。事前にGoogleアカウントを登録する必要があります。アカウント作成の詳細は次のURLをご参照ください。

・https://support.google.com/accounts/answer/27441?hl=ja

GoogleアカウントでログインしているGoogleCloudPlatformにアクセスすると、図2.1の画面が表示されます。

図2.1: Google Cloud Platform

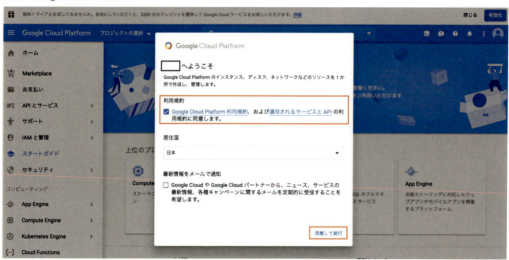

利用規約を確認して居住国を選択し、「同意して続行」を選択します。GCPを有効化するために、

---

[6].kubeadmhttps://kubernetes.io/docs/setup/independent/create-cluster-kubeadm/

[7].kubesprayhttps://github.com/kubernetes-sigs/kubespray

[8].Rancherhttps://rancher.com/

[9].Kubernetes The Hard Wayhttps://github.com/kelseyhightower/kubernetes-the-hard-way

「無料トライアルに登録」または「有効化」を押下します。

図2.2: Google Cloud Platform の有効化

有効化を選択すると、図2.3の確認画面に遷移します。

利用規約を確認の上、チェックし「同意して続行」を押下します。

図2.3: Google Cloud Platform の無料トライアル (1/2)

図2.4でアカウントの種類を「個人」で選択し、名前と住所、クレジットカードの番号を入力します。

第2章　Kubernetes クラスター構築・Helm インストール　　33

図 2.4: Google Cloud Platform の無料トライアル (2/2)

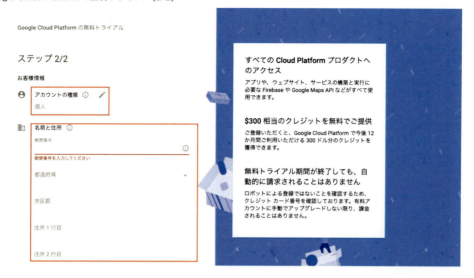

図 2.5: Google Cloud Platform の無料トライアル (2/2)

「無料トライアルを開始」を押下します。その後トップ画面に遷移します。

図2.6: Google Cloud Platform の有効化完了

トップ画面で図2.6のモーダル画面の「OK」ボタンを押下します。これでGCPの利用が可能になりました。

画面左端にあるメニューから、よく選択するサービスを画面上部に固定表示させることができます。GKEを頻繁に選択することになるため、図2.7のピンのアイコンを選択してください。

図2.7: メニューの固定化

またGCPでは、プロジェクトという単位でサービスを利用できます。登録直後では「My First Project」というプロジェクトが自動で作成されています。本書では「My First Project」のまま説明を続けますが、オリジナルのプロジェクトを作成して進めたい方は「プロジェクトの選択」から新しくプロジェクトを作成してください。

第2章　Kubernetesクラスター構築・Helmインストール　｜　35

図2.8: プロジェクトの選択

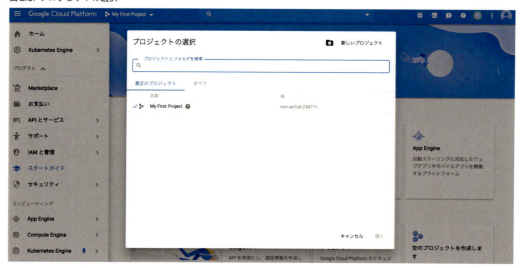

2.2.2 GKEの構築

GCPの登録が終わったところで、Kubernetesクラスターを作成します。図2.9のメニューからKubernetesからクラスターを選択します。メニューから選択すると、プロジェクトの初期化が行われます。初期化にはしばらく時間がかかります。

図2.9: GKEメニュー

初期化が完了すると図2.10の画面が表示されます。「クラスターを作成」ボタンを押下します。

図2.10: Kubernetes クラスター

図2.11の画面に遷移します。クラスターのゾーンやノードのマシンスペックを選択します。本書ではゾーンを「asia-east1-a」、マスターのバージョンを「1.12.5-gke.5」と選択します。マシンスペックはデフォルト選択のスペックを選択していますが、好みや要求によって変更してください。

図2.11: GKE クラスターの作成

クラスターの設定が完了したら、「作成」ボタンを押下します。初期化にはしばらく時間がかかります。

図 2.12: GKE クラスターの初期化中

図 2.13: GKE クラスターの初期化完了

クラスターでの Kubernetes の操作には GUI かコマンドラインで行います。コマンドラインで操作する場合は Google Cloud SDK のインストールが必要です。Google Cloud SDK のインストールには次の URL を参照してください。

・https://cloud.google.com/sdk/docs/?hl=ja#install_the_latest_cloud_tools_version_cloudsdk_current_version

Kubernetes クラスターの「接続」ボタンからクラウドに接続できます。図 2.14 のモーダル画面に表示されているコマンド、または「Cloud Shell で実行」ボタンからクラスターに接続できます。本書では Cloud Shell でコマンドを実行しますが、コマンドの実行環境はご自由に選択してください。

図2.14: クラスターに接続

図2.15の「CLOUD SHELLの起動」ボタンでCloud Shellが起動します。

図2.15: Google Cloud Shell の起動

Cloud Shellが起動すると、図2.16のようにgcloudコマンドが初期表示されます。コマンドを実行することで、Kubernetesクラスターに接続します。

図 2.16: Google Cloud Shell

2.3 Helmのインストール

Helmのインストール手順は公式ドキュメント[10]に掲載されています。

パッケージマネージャーやスクリプト、ソースからビルドするなどの方法がありますが、ここではスクリプトを使ってインストールを行います。次のコマンドで/usr/local/binにHelmとTillerバイナリがダウンロードされます。TillerをPodではなくバイナリから実行することもできますが、今回は利用しません。

```
# スクリプトダウンロード
$ curl https://raw.githubusercontent.com/helm/helm/master/scripts/get \
> get_helm.sh

# 実行権限付与
$ chmod 700 get_helm.sh

# スクリプト実行
$ ./get_helm.sh
Downloading https://kubernetes-helm.storage.googleapis.com/helm-v2.13.0-linux-amd64.tar.gz
Preparing to install helm and tiller into /usr/local/bin
helm installed into /usr/local/bin/helm
tiller installed into /usr/local/bin/tiller
Run 'helm init' to configure helm.
```

第1章「Helmの概要・基本構成」で説明したように、Helmを利用するにはTillerサーバーが必要になります。`helm init --service-account serviceAccountName`でTillerを動作させるServiceAccountに権限を付与します。

10.INSTALL HELM https://helm.sh/docs/using_helm/#installing-helm

```
$ cat <<EOF > rbac-config.yaml
apiVersion: v1
kind: ServiceAccount
metadata:
name: tiller
namespace: kube-system
---
apiVersion: rbac.authorization.k8s.io/v1
kind: ClusterRoleBinding
metadata:
name: tiller
roleRef:
apiGroup: rbac.authorization.k8s.io
kind: ClusterRole
name: cluster-admin
subjects:
- kind: ServiceAccount
name: tiller
namespace: kube-system
EOF

# ServiceAccountの作成とRoleBindingを実施
$ kubectl create -f rbac-config.yaml
serviceaccount/tiller created
clusterrolebinding.rbac.authorization.k8s.io/tiller created
```

helm initコマンドでTiller Podを、kube-systemの名前空間にデプロイします。同時にローカル Helmリポジトリとローカルキャッシュディレクトリーが作成されます。

```
$ helm init --service-account tiller
Creating /home/XXXXX/.helm
Creating /home/XXXXX/.helm/repository
Creating /home/XXXXX/.helm/repository/cache
Creating /home/XXXXX/.helm/repository/local
Creating /home/XXXXX/.helm/plugins
Creating /home/XXXXX/.helm/starters
Creating /home/XXXXX/.helm/cache/archive
Creating /home/XXXXX/.helm/repository/repositories.yaml
Adding stable repo with URL: https://kubernetes-charts.storage.googleapis.com
Adding local repo with URL: http://127.0.0.1:8879/charts
$HELM_HOME has been configured at /home/XXXXX/.helm.
Tiller (the Helm server-side component) has been installed into your
Kubernetes Cluster.
Please note: by default, Tiller is deployed with an insecure
'allow unauthenticated users' policy.
To prevent this, run 'helm init' with the --tiller-tls-verify flag.
For more information on securing your installation
see: https://docs.helm.sh/using_helm/#securing-your-helm-installation
```

第2章 Kubernetesクラスター構築・Helmインストール | 41

```
Happy Helming!
```

kube-system名前空間に、Tillerがデプロイされていることが確認できます。

```
$ kubectl get pods -n kube-system | egrep "NAME|tiller"
NAME READY STATUS RESTARTS AGE
tiller-deploy-7dc9577bfd 1/1 Running 0 2m12s
```

HelmClientとTillerのバージョンはhelm versionで確認できます。

```
$ helm version
Client: &version.Version{SemVer:"v2.13.0", GitCommit:"79d0794",
GitTreeState:"clean"}
Server: &version.Version{SemVer:"v2.13.0", GitCommit:"79d0794",
GitTreeState:"clean"}
```

以上でHelmのインストールが完了しました。

いよいよ次章から実際にHelmを使用してソフトウェアをデプロイしつつ、Helmコマンドについて学習します。

第3章　Helmでアプリケーションをデプロイ

　本章では、実際にHelmを利用してソフトウェアをインストールします。すでにStable版で公開されているChartを利用して、ソフトウェアをKubernetesクラスターにデプロイします。Helmを使うにあたって、Helmコマンドについても逐次説明を行います。

3.1　Helmコマンド

3.1.1　Helmコマンド一覧

　いよいよHelmを利用して、Kubernetesクラスターにアプリケーションをデプロイします。ここではHelmコマンドを利用するため、まずコマンドを説明しましょう。

　図3.1にHelmのコマンド一覧をまとめています。

　次節では図3.1の中から、よく使うコマンドの説明をします。

　Helmの初期化やバージョン確認は第2章「Kubernetesクラスター構築・Helmインストール」で説明しているため省略します。

図3.1: Helm コマンドリスト

コマンド	概要
helm completion	自動入力補完用のスクリプトを生成する
helm create	指定した名前の Chart テンプレートを生成する
helm delete	指定した Release をクラスタから削除する
helm dependency	Chart の依存関係を管理する
helm fetch	Chart をリポジトリからダウンロードする
helm get	指定した Release を YAML 形式で取得する
helm history	指定した Release の履歴を表示する
helm home	$HELM_HOME の場所を表示する
helm init	クライアントとサーバーを初期化する
helm inspect	Chart を検査する
helm install	Chart をクラスタにインストールする
helm lint	Chart を構文チェックする
helm list	Release のリストを表示する
helm package	Chart をアーカイブする
helm plugin	Plugin の追加や削除、一覧表示をする
helm repo	Chart リポジトリの追加や削除、更新、一覧表示をする
helm reset	Tiller をクラスターからアンインストールし、ローカルの設定内容を消去する
helm rollback	Release を指定したバージョンにロールバックする
helm search	指定したキーワードで Chart を検索する
helm serve	HTTP サーバーを起動する
helm status	指定した Release のステータスを確認する
helm template	templates 配下の YAML ファイルを表示する
helm test	指定した Release をテストする
helm upgrade	指定した Release を更新する
helm verify	署名された Provenance ファイルの妥当性を検証する
helm version	クライアントとサーバーのバージョンを表示する

3.1.2 Helm コマンド解説（抜粋）

3.1.2.1 helm repo

helm repo は Chart リポジトリーの追加や削除、更新、一覧を表示するコマンドです。

Helm を初期インストールした状態で helm repo list を実行すると、次の出力が得られます。

```
# Chart リポジトリーの一覧表示
$ helm repo list
NAME URL
stable https://kubernetes-charts.storage.googleapis.com
local http://127.0.0.1:8879/charts
```

「stable」という名前のリポジトリーが公式リポジトリーで、「local」がローカルリポジトリーです。「local」リポジトリーを利用するには helm serve で明示的に HTTP サーバーを起動させる必要

44 　第3章　Helm でアプリケーションをデプロイ

があります。そのため初期インストールの状態では利用することができません。

第1章「Helmの概要・基本構成」で紹介したIncubatorリポジトリーを利用するには次のコマンドを実行します。

```
# incubatorリポジトリーの追加
$ helm repo add incubator \
https://kubernetes-charts-incubator.storage.googleapis.com
"incubator" has been added to your repositories

# incubatorリポジトリーの確認
$ helm repo list
NAME URL
stable https://kubernetes-charts.storage.googleapis.com
local http://127.0.0.1:8879/charts
incubator https://kubernetes-charts-incubator.storage.googleapis.com
```

再びhelm repo listを実行すると、「incubator」が追加されていることが確認できます。

3.1.2.2　helm search

helm searchは指定したキーワードでChartを検索するコマンドです。次のコマンドでMySQLに関連するChartを検索してみます。

```
# mysqlキーワードで関連するChartを検索する
$ helm search mysql
NAME CHART VERSION APP VERSION DESCRIPTION
incubator/mysqlha 0.4.0 5.7.13 MySQL cluster with a...
stable/mysql 0.15.0 5.7.14 Fast, reliable, scal...
stable/mysqldump 2.4.0 2.4.0 A Helm chart to help...
stable/prometheus-mysql-exporter 0.2.1 v0.11.0 A Helm chart for pro...
stable/percona 0.3.4 5.7.17 free, fully compatib...
stable/percona-xtradb-cluster 0.6.3 5.7.19 free, fully compatib...
stable/phpmyadmin 2.0.4 4.8.5 phpMyAdmin is an mys...
stable/gcloud-sqlproxy 0.6.1 1.11 DEPRECATED Google Cl...
stable/mariadb 5.5.3 10.1.38 Fast, reliable, scal...
```

このように気になるキーワードでChartを検索することができるため、すでにChartが公開されていないか手軽に調べるのにご利用ください。またはChartを調べるために、第1章「Helmの概要・基本構成」で説明したHelmHub[1]のUI上で検索するという方法もあります。

3.1.2.3　helm fetch

helm fetchはChartをリポジトリーからダウンロードするコマンドです。次のコマンドでMySQL Chart（アーカイブファイル）をローカルにダウンロードできます。

1.Helm hubhttps://hub.helm.sh/

第3章　Helmでアプリケーションをデプロイ　45

```
$ helm fetch stable/mysql

# アーカイブファイルがダウンロードされている
$ ls | grep mysql
mysql-0.15.0.tgz
```

「3.1.2.7 helm template」と組み合わせることで、外部公開されているChartのYAMLを簡単に取得することができます。

3.1.2.4　helm create

helm createは指定した名前のChartテンプレートを生成するコマンドです。次のコマンドでsampleという名前のChartを生成できます。

```
# sample Chartを生成する
$ helm create sample
Creating sample

# sampleディレクトリーの中身を確認
$ tree sample/
sample/
├── Chart.yaml
├── charts/
├── templates/
│   ├── NOTES.txt
│   ├── _helpers.tpl
│   ├── deployment.yaml
│   ├── ingress.yaml
│   ├── service.yaml
│   └── tests/
│       └── test-connection.yaml
└── values.yaml

3 directories, 8 files
```

sampleディレクトリーそのものがChartに相当します。ディレクトリー構成は第1章「Helmの概要・基本構成」で説明した構成になっています。Chartを自作する方法については第4章「Helm Chartを自作しよう」でより詳細に説明します。

3.1.2.5　helm package

helm packageはChartをアーカイブするコマンドです。次のコマンドでsample Chartをアーカイブできます。

46　第3章　Helmでアプリケーションをデプロイ

```
$ helm package sample/
Successfully packaged chart and saved it to: /xxx/sample-0.1.0.tgz
```

　Chartリポジトリーを稼働させるには、「<Chart名>-<バージョン>.tgz」のようなアーカイブ
ファイルをHTTPサーバー上に配置します。そのためChartを自作して公開する場合には必須のコ
マンドといえます。

3.1.2.6　helm lint

　helm lintはChartを構文チェックするコマンドです。また推奨構成についても指摘してくれま
す。次のコマンドでhelm create sampleで作成したsample Chartに対してhelm lintすると、次
の結果になります。

```
# helm lint sample-0.1.0.tgz でも可
$ helm lint sample/
==> Linting sample/
[INFO] Chart.yaml: icon is recommended

1 chart(s) linted, no failures
```

　lintの結果に問題はなく、Chartにアイコンを付けることが推奨されていることが結果から確認
できます。

3.1.2.7　helm template

　helm templateはtemplates配下のYAMLファイルを表示するコマンドです。templates配下の
YAMLファイルは変数定義されているため、それ単体で利用することができません。helm template
コマンドを実行することでvalues.yamlに記載された値をtemplates配下のYAMLに代入し、YAML
ファイル形式の標準出力を得られます。次のコマンドでsample Chartに利用しているYAMLファ
イルを表示できます。

```
# helm template sample-0.1.0.tgz でも可
$ helm template sample
---
# Source: sample/templates/service.yaml
apiVersion: v1
kind: Service
metadata:
name: release-name-sample
labels:
app.kubernetes.io/name: sample
helm.sh/chart: sample-0.1.0
app.kubernetes.io/instance: release-name
app.kubernetes.io/managed-by: Tiller
```

第3章　Helmでアプリケーションをデプロイ　　47

```
  spec:
  type: ClusterIP
  ports:
  - port: 80
  targetPort: http
  protocol: TCP
  name: http
  selector:
  app.kubernetes.io/name: sample
  app.kubernetes.io/instance: release-name

  ---
  （省略）
  ---
  # Source: sample/templates/ingress.yaml
```

　values.yamlの値を変更することで`helm template`コマンドで出力されるYAMLの値も変わります。Helmを単にテンプレートエンジンとして利用し、出力されたYAMLを`kubectl create`でクラスターにデプロイすることも可能です。

　また`helm fetch`と組み合わせることで外部公開されているChartのYAMLを簡単に取得できます。

```
# Chartのダウンロード
$ helm fetch stable/mysql

# YAML を標準出力に表示する
$ helm template mysql-0.15.0.tgz
```

3.1.2.8　helm install

　`helm install`はChartをクラスターにインストールするコマンドです。次のコマンドでsample ChartをKubernetesクラスターにインストールします。sample Chartのイメージには「nginx:stable[2]」がデフォルトで指定されています。

```
$ helm install sample/
NAME: torpid-zebra
LAST DEPLOYED: Sun Mar 17 20:27:41 2019
NAMESPACE: default
STATUS: DEPLOYED

RESOURCES:
==> v1/Deployment
（省略）

NOTES:
```

2.Nginx DockerHubhttps://hub.docker.com/_/nginx

```
1. Get the application URL by running these commands:
 （省略）
```

　helm installコマンドを実行するとReleaseのステータスやインストールされたKubernetesの
リソース（ConfigMapやDeploymentなど）、NOTESが表示されます。NOTESにはソフトウェアに
アクセスするための方法やパスワード情報の取得方法などが記載されています。NAMEは--name
または-nを指定しない場合はランダムな名前が付与されます。今回のRelease名は「torpid-zebra」
になりました。

　また、--namespaceを指定することで、Kubernetesクラスター上のどの名前空間にインストール
するかを選択することができます。--nameを省略すると、ランダムな名前でReleaseが作成されま
したが、--namespaceを省略すると現在のコンテキストの名前空間が選択されます。何も設定変更
をしていなければコンテキストには名前空間「default」が指定されています。次のコマンドで現在
のコンテキストを確認できます。

```
kubectl config get-contexts
```

　ためしに指定した名前で、指定した名前空間にsample Chartをインストールします。次のコマ
ンドを実行すると、Release名「sample」で、名前空間「application」にChartがインストールされ
ます。

```
# 名前空間「application」を作成
$ kubectl create namespace application
namespace "application" created

# 名前と名前空間を指定
$ helm install --name sample --namespace application sample/
NAME: sample
LAST DEPLOYED: Sun Mar 17 20:30:11 2019
NAMESPACE: application
STATUS: DEPLOYED

RESOURCES:
==> v1/Deployment
NAME READY UP-TO-DATE AVAILABLE AGE
sample 0/1 0 0 0s
 （以下省略）
```

「NAME」と「NAMESPACE」が指定したものになっていることが確認できました。

　helm installについては「3.2 MySQLとPrometheus/GrafanaをHelmでインストールする」で
より詳細なオプションを利用した例を説明します。

3.1.2.9　helm list

helm listはReleaseのリストを表示するコマンドです。「3.1.2.8 helm install」でインストールしたReleaseが存在する状態で次のコマンドを実行します。

```
# aliasがあるためhelm lsでも可
$ helm list
NAME REVISION UPDATED STATUS CHART APP VER...
torpid-zebra 1 Sun Mar 17 20:27:41 2019 DEPLOYED sample-0.1.0 1.0
```

STATUSが「DEPLOYED」のReleaseの一覧が確認できます。「3.1.2.11 helm delete」で説明するhelm deleteでSTATUSが「DELETED」になっているReleaseは表示されません。STATUSが「DELETED」になっているReleaseを表示するには次のコマンドのように--allまたは-aフラグを付けます。

```
# helm list -aでも可
$ helm list --all
```

3.1.2.10　helm status

helm statusは指定したReleaseのステータスを確認するコマンドです。「3.1.2.8 helm install」でインストールしたReleaseが存在する状態で次のコマンドを実行します。

```
$ helm status torpid-zebra
LAST DEPLOYED: Sun Mar 17 20:27:41 2019
NAMESPACE: default
STATUS: DEPLOYED

RESOURCES:
==> v1/Deployment
（省略）

NOTES:
1. Get the application URL by running these commands:
（省略）
```

「3.1.2.8 helm install」でインストールした際に標準出力に表示された情報を確認することができます。

3.1.2.11　helm delete

helm deleteは指定したReleaseをクラスターから削除するコマンドです。「3.1.2.8 helm install」でインストールしたReleaseが存在する状態で次のコマンドを実行します。

```
# aliasがあるためhelm delでも可
$ helm delete torpid-zebra
release "torpid-zebra" deleted
```

helm deleteを実行することで、クラスターにデプロイされていたKubernetesリソースが削除されました。ただし、Helm上ではReleaseのSTATUSが「DELETED」という状態で保持されています。そのため再び「torpid-zebra」という同名でReleaseを作ろうとしてもエラーが発生します。

```
$ helm install --name torpid-zebra sample/
Error: a release named torpid-zebra already exists.
Run: helm ls --all torpid-zebra; to check the status of the release
Or run: helm del --purge torpid-zebra; to delete it
```

Release「torpid-zebra」を完全に除外するには--purgeフラグを付ける必要があります。

```
$ helm del --purge torpid-zebra
release "torpid-zebra" deleted
```

3.1.2.12　helm rollback

helm rollbackはReleaseを指定したバージョンにロールバックするコマンドです。「3.1.2.11 helm delete」で「torpid-zebra」を「DELETED」にした状態で次のコマンドを実行します。

```
# ロールバックするREVISIONを1に指定する
$ helm rollback torpid-zebra 1
Rollback was a success! Happy Helming!

# Releaseを確認する
$ helm list --all | cut -f 1,2,3
NAME REVISION UPDATED
torpid-zebra 2 Sun Mar 17 20:58:20 2019
```

Release名に「torpid-zebra」、REVISIONに「1」を指定することで、STATUSが「DELETED」状態から「DEPLOYED」状態にロールバックしました。また、REVISIONが「1→2」に繰り上がっていることが確認できます。

「3.1.2.13 helm upgrade」でReleaseを更新した後に、指定したREVISIONにReleaseをロールバックさせることもできます。

3.1.2.13　helm upgrade

helm upgradeは指定したReleaseを更新するコマンドです。sample Chartを更新した状態で、次

のコマンドを実行します。

```
$ helm upgrade torpid-zebra sample/
Release "torpid-zebra" has been upgraded. Happy Helming!
LAST DEPLOYED: Sun Mar 17 21:16:44 2019
NAMESPACE: default
STATUS: DEPLOYED

RESOURCES:
==> v1/Deployment
（省略）


NOTES:
1. Get the application URL by running these commands:
（省略）
```

更新したChartがReleaseに反映されました。なお、Chartに何も変更を加えずに`helm upgrade`を実行しても、REVISIONが繰り上がりコマンドが正常終了します。

3.1.2.14 helm plugin

Helmは、標準のコマンドだけでは更新前と更新後の差分を見ることができません。有志がhelm-diff[3]というツールを開発しているため、`helm plugin`コマンドでhelm-diffをインストールして確認します。

3.1.2.15 helm diff

```
# pluginの追加
$ helm plugin install https://github.com/databus23/helm-diff --version master
```

helm-diffを使うと、REVISION間の差分を色付きで確認できます。

```
# helm diff revision torpid-zebra 1 2
default, torpid-zebra-sample, Deployment (apps) has changed:
（省略）
- imagePullPolicy: IfNotPresent
+ imagePullPolicy: Always
（省略）
```

3.1.2.16 helm history

`helm history`は指定したReleaseの履歴を表示するコマンドです。「3.1.2.8 helm install」、「3.1.2.11 helm delete」、「3.1.2.12 helm rollback」、「3.1.2.13 helm upgrade」を実施した状態で、「torpid-zebra」

3.Helm Diffhttps://github.com/databus23/helm-diff

52 | 第3章 Helmでアプリケーションをデプロイ

の履歴を次のコマンドを実行すると、次の結果になります。

```
$ helm history torpid-zebra
REVISION UPDATED STATUS CHART DESCRIPTION
1 Sun Mar 17 20:27:41 2019 SUPERSEDED sample-0.1.0 Deletion complete
2 Sun Mar 17 20:58:20 2019 SUPERSEDED sample-0.1.0 Rollback to 1
3 Sun Mar 17 21:16:44 2019 DEPLOYED sample-0.1.0 Upgrade complete
```

helm historyで確認できたREVISIONを指定すれば、helm rollbackでロールバックすることも可能です。

3.2 MySQLとPrometheus/GrafanaをHelmでインストールする

本節ではHelmを使って、外部公開されているStable版のChartから、OSSソフトウェアの「MySQL」と「Prometheus/Grafana」をインストールします。

3.2.1 MySQLのインストール

RDBMSであるMySQLを、Kubernetesにインストールします。helm installコマンドでReleaseをインストールします。

```
$ helm install stable/mysql
NAME: terrifying-olm
LAST DEPLOYED: Sun Mar 17 23:43:49 2019
NAMESPACE: default
STATUS: DEPLOYED
（省略）

NOTES:
MySQL can be accessed via port 3306 on the following DNS name
from within your cluster:
terrifying-olm-mysql.default.svc.cluster.local

To get your root password run:

MYSQL_ROOT_PASSWORD=$(kubectl get secret \
--namespace default terrifying-olm-mysql \
-o jsonpath="{.data.mysql-root-password}" | base64 --decode; echo)

To connect to your database:

1. Run an Ubuntu pod that you can use as a client:

kubectl run -i --tty ubuntu --image=ubuntu:16.04 --restart=Never -- bash -il

2. Install the mysql client:
```

第3章 Helmでアプリケーションをデプロイ | 53

```
$ apt-get update && apt-get install mysql-client -y

3. Connect using the mysql cli, then provide your password:
$ mysql -h terrifying-olm-mysql -p

To connect to your database directly from outside the K8s cluster:
MYSQL_HOST=127.0.0.1
MYSQL_PORT=3306

# Execute the following command to route the connection:
kubectl port-forward svc/terrifying-olm-mysql 3306

mysql -h ${MYSQL_HOST} -P${MYSQL_PORT} -u root -p${MYSQL_ROOT_PASSWORD}
```

3.2.2　MySQLにアクセスする

　NOTESに書かれている手順にしたがって、Kubernetesクラスター内からMySQLにアクセスしてみましょう。次のコマンドを実行することで、MySQLのrootユーザーのパスワードを取得します。

```
# MySQLのrootパスワードを取得
$ MYSQL_ROOT_PASSWORD=$(kubectl get secret \
--namespace default terrifying-olm-mysql \
-o jsonpath="{.data.mysql-root-password}" | base64 --decode; echo)

# rootのパスワードを確認
$ echo $MYSQL_ROOT_PASSWORD
zbzof0KzNk
```

　続けて、MySQLにアクセスするために、UbuntuイメージにMySQLクライアントをインストールしたPodを作成します。

```
# MySQLにアクセスするためのClientPodを作成
$ kubectl run -i --tty ubuntu --image=ubuntu:16.04 --restart=Never -- bash -il
If you don't see a command prompt, try pressing enter.

# MySQLクライアントをインストール
root@ubuntu:/# apt-get update && apt-get install mysql-client -y
（省略）
```

　先ほど取得したrootユーザーのパスワードを使って、MySQLにアクセスします。

```
# MySQL DBに接続
root@ubuntu:/# mysql -h terrifying-olm-mysql -p
Enter password:
```

54　　第3章　Helmでアプリケーションをデプロイ

```
Welcome to the MySQL monitor. Commands end with ; or \g.
Your MySQL connection id is 55
Server version: 5.7.14 MySQL Community Server (GPL)

Copyright (c) 2000, 2019, Oracle and/or its affiliates. All rights reserved.

Oracle is a registered trademark of Oracle Corporation and/or its
affiliates. Other names may be trademarks of their respective
owners.

Type 'help;' or '\h' for help. Type '\c' to clear the current input statement.

mysql>
```

　MySQLにログインできました。今回試したhelm installの手順は、もっともシンプルな方法です。

　helm installにさまざまなフラグを付与することで、簡単に自分の環境に適したReleaseを作成することができます。

　今回デプロイしたReleaseを削除して、次節でhelm installの使い方を詳細に見て行きます。

```
# Release名は読み替えてください
$ helm delete --purge terrifying-olm
release "terrifying-olm" deleted
```

3.2.3　values.yamlのデフォルト値を変更してデプロイ

　前述のインストール時はhelm install stable/mysqlコマンドで、元々Chartに設定されているデフォルト値を使ってデプロイしました。このChartをローカルにダウンロードし、tarボールを解凍すると、「values.yaml」が存在します。Chartのデフォルト値は「values.yaml」に記載されています。

```
# MySQL Chartをダウンロードする
$ helm fetch stable/mysql

# MySQL Chartがダウンロードできたことを確認
$ ls | grep mysql
mysql-0.15.0.tgz

# tgzを解凍する
$ tar -xzf mysql-0.15.0.tgz

# MySQL Chart（解凍後）のディレクトリーを確認
$ tree mysql
mysql/
```

第3章　Helmでアプリケーションをデプロイ　　55

```
├──     Chart.yaml
├──     README.md
├──     templates/
│   ├──     NOTES.txt
│   ├──     _helpers.tpl
│   ├──     configurationFiles-configmap.yaml
│   ├──     deployment.yaml
│   ├──     initializationFiles-configmap.yaml
│   ├──     pvc.yaml
│   ├──     secrets.yaml
│   ├──     svc.yaml
│   └──     tests/
│   ├──     test-configmap.yaml
│   └──     test.yaml
└──     values.yaml

2 directories, 13 files
```

　外部公開されているChartに変更を加える場合は、基本的にリスト3.1のvalues.yamlに定義されているデフォルトの値を変更します。

リスト3.1: mysql/values.yaml

```
## mysql image version
## ref: https://hub.docker.com/r/library/mysql/tags/
##
image: "mysql"
imageTag: "5.7.14"

busybox:
  image: "busybox"
  tag: "1.29.3"

testFramework:
  image: "dduportal/bats"
  tag: "0.4.0"
（以下省略）
```

　ためしに「imageTag: "5.7.14"」を「imageTag: "5.7.25"」に変更してみましょう。values.yamlの値を変更するには、ふたつの方法があります。

- --setフラグを使ってコマンドラインで変更する
- -fまたは--valuesフラグを使ってファイル指定で変更する

3.2.3.1　--setフラグを使ってコマンドラインで変更する

　--set key=value形式でパラメータをコマンドライン上で渡すことで、Releaseの設定や挙動を変

56　　第3章　Helmでアプリケーションをデプロイ

えることができます。--setにimageTagを指定して、次のコマンドを実行します。

```
# imageTag を指定したタグでインストール
helm install --set imageTag=5.7.25 stable/mysql

# MySQL の imageTag を確認する
$ kubectl get pods -o jsonpath --template {.items[].spec.containers[].image}
mysql:5.7.25
```

MySQLのPodのイメージタグを確認すると「5.7.14 → 5.7.25」にアップグレードしていることが確認できました。このようにコマンドラインで値を指定するだけでコンテナの挙動を変えることができます。たいていのChartではImageの種類だけでなく、ServiceのTypeやPersistentVolumeの有無、Ingressの有無などが変更できます。

--setで指定するパラメータの種類や詳細を調べたい時は、helm inspectやGitHub[4]の各ChartのREADMEで確認できます。

たとえばMySQLの場合は次のURLのREADMEからパラメータを確認できます。

https://github.com/helm/charts/tree/master/stable/mysql#user-content-configuration

図 3.2: stable/mysql README.md

Configuration

The following table lists the configurable parameters of the MySQL chart and their default values.

Parameter	Description	Default
image	mysql image repository.	mysql
imageTag	mysql image tag.	5.7.14
busybox.image	busybox image repository.	busybox
busybox.tag	busybox image tag.	1.29.3
testFramework.image	test-framework image repository.	dduportal/bats
testFramework.tag	test-framework image tag.	0.4.0
imagePullPolicy	Image pull policy	IfNotPresent
existingSecret	Use Existing secret for Password details	nil
extraVolumes	Additional volumes as a string to be passed to the tpl function	
extraVolumeMounts	Additional volumeMounts as a string to be passed to the tpl function	

helm inspectで調べると次のように調べられます。

4.helm/charthttps://github.com/helm/charts

第3章　Helmでアプリケーションをデプロイ　57

```
$ helm inspect stable/mysql
（一部抜粋）
| Parameter | Description | Default |
| --------------|-----------------------------| ---------- |
| ‘image‘ | ‘mysql‘ image repository. | ‘mysql‘ |
| ‘imageTag‘ | ‘mysql‘ image tag. | ‘5.7.14‘ |
| ‘busybox.image‘| ‘busybox‘ image repository. | ‘busybox‘ |
| ‘busybox.tag‘ | ‘busybox‘ image tag. | ‘1.29.3‘ |
```

3.2.3.2　-fまたは--valuesフラグを使ってファイル指定で変更する

　-fまたは--valuesを利用してファイル指定でReleaseの設定や挙動を変えられます。まずは
「imageTag: "5.7.25"」と記載したvalues.yamlを用意します。

リスト3.2: values.yaml

```
imageTag: "5.7.25"
```

　次のコマンドを実行することで、MySQL Chartからイメージタグが5.7.25のReleaseを作成でき
ます。

```
# helm install --values values.yaml stable/mysqlでも可
$ helm install -f values.yaml stable/mysql

# MySQLのimageTagを確認する
$ kubectl get pods -o jsonpath --template {.items[].spec.containers[].image}
mysql:5.7.25
```

　Chartでは非常に多くの値を変更できます。Stable版のMySQL Chartでは、利用者側が58のパラ
メータを修正できます（2019年4月現在）。このようにパラメータを変更して細かくチューニングす
る場合、コマンドラインで実行するのは限界があります。そこで、values.yamlに記載することで、
宣言的なInfrastructure as Codeを実現させることができます。

　なお、ファイルは複数指定することもできます。次の例は、ふたつのvalues.yamlを利用して、
MySQLのimageTagを「5.7.14 → 5.7.25」、initContainerで利用しているBusyBoxのtagを「1.29.3 →
1.30」に変更してインストールする例です。

リスト3.3: values.yaml

```
imageTag: "5.7.25"
```

リスト3.4: values2.yaml

```
busybox:
  tag: "1.30"
```

```
# helm install --values values.yaml --values values2.yaml stable/mysqlでも可
$ helm install -f values.yaml -f values2.yaml stable/mysql

# MySQLのimageTagを確認する
$ kubectl get pods -o jsonpath --template {.items[].spec.containers[].image}
mysql:5.7.25

# BusyBoxのimageTagを確認する
$ kubectl get pods -o jsonpath --template {.items[].spec.initContainers[].image}
busybox:1.30
```

複数のファイルを指定できることで、リスト3.5の構成をとっておき、Pipelineの実行時に環境に適した値でインストールやアップグレードができるというメリットがあります。

リスト3.5: 環境ごとの変数定義をしたChart構成

```
# DEV環境に、DEV環境用の設定値でインストールする
$ helm install -f values.yaml -f dev.yaml myChart/

# Staging環境に、Staging環境用の設定値でインストールする
$ helm install -f values.yaml -f staging.yaml myChart/

# Production環境に、Production環境用の設定値でインストールする
$ helm install -f values.yaml -f production.yaml myChart/
```

これでvalues.yamlの使い方についてイメージができてきましたか？次はMySQLとは打って変わって、画面を持った監視ツールPrometheus/Grafanaをインストールしてみましょう。

3.2.4 Prometheus/Grafanaのインストール

本節ではCNCFのプロダクトとしてホストされている監視ツールのPrometheus[5]とダッシュボード・モニタリングツールのGrafana[6]をHelmを使ってインストールします。PrometheusとGrafanaはそれぞれ別のChartで管理されているため、インストールを2回に分けます[7]。

---

5. Prometheus https://prometheus.io/
6. Grafana https://grafana.com/
7. PrometheusとGrafanaを一括でデプロイできるChartを自作すると面白いかもしれません

第3章 Helmでアプリケーションをデプロイ　59

今回はより実践的にGrafanaにはvalues.yamlを用いて、Release名や名前空間を指定してインストールします。Prometheusはデフォルト状態のままインストールします。

helm fetchでtarボールのChartを取得し、中のvalues.yaml[8]を取り出します。

```
# GrafanaのChartを取得する
$ helm fetch stable/grafana

# Chart tarボールを解凍する
$ tar -zxf grafana-2.3.3.tgz

# Grafana Chart（解凍後）のディレクトリーを確認
$ tree grafana
grafana/
├── Chart.yaml
├── README.md
├── dashboards/
│   └── custom-dashboard.json
├── templates/
│   ├── NOTES.txt
│   ├── _helpers.tpl
│   ├── clusterrole.yaml
│   ├── clusterrolebinding.yaml
│   ├── configmap-dashboard-provider.yaml
│   ├── configmap.yaml
│   ├── dashboards-json-configmap.yaml
│   ├── deployment.yaml
│   ├── ingress.yaml
│   ├── podsecuritypolicy.yaml
│   ├── pvc.yaml
│   ├── role.yaml
│   ├── rolebinding.yaml
│   ├── secret.yaml
│   ├── service.yaml
│   ├── serviceaccount.yaml
└── values.yaml

2 directories, 20 files
```

取得したvalues.yamlは300行を超えているため、掲載は変更した場所や重要な場所のみを抜粋します。values.yamlのうち「-」の箇所がデフォルト値で、「+」の箇所が変更箇所です。

リスト3.6: values.yaml（イメージ）

```
image:
  repository: grafana/grafana
  tag: 6.0.2
```

8.stable/grafana values.yamlhttps://github.com/helm/charts/blob/master/stable/grafana/values.yaml

60　第3章　Helmでアプリケーションをデプロイ

```
pullPolicy: IfNotPresent
```

　リスト3.6ではGrafanaのイメージを設定できます。今回は特に変更せず、デフォルト設定のまま
にしておきます。

リスト3.7: values.yaml（Service）

```
## Expose the grafana service to be accessed from
## outside the cluster (LoadBalancer service).
## or access it from within the cluster (ClusterIP service).
## Set the service type and the port to serve it.
## ref: http://kubernetes.io/docs/user-guide/services/
##
service:
  - type: ClusterIP
  + type: LoadBalancer
  port: 80
  targetPort: 3000
    # targetPort: 4181 To be used with a proxy extraContainer
  annotations: {}
  labels: {}
```

　リスト3.7ではKubernetes上のPodにアクセスするための方法であるService DiscoveryのType
を選択できます。今回はパブリッククラウドのGKE上でインストールするため、デフォルトから
「LoadBalancer」に変更して外部からアクセスできる状態にします。minikubeやオンプレ利用のと
きは「NodePort」を選択するなど、環境に合わせて方法を選ぶことができます。

リスト3.8: values.yaml（PersistentVolume）

```
## Enable persistence using Persistent Volume Claims
## ref: http://kubernetes.io/docs/user-guide/persistent-volumes/
##
persistence:
  - enabled: false
  + enabled: true
  initChownData: true
  # storageClassName: default
  accessModes:
    - ReadWriteOnce
  size: 10Gi
  # annotations: {}
  # subPath: ""
  # existingClaim:
```

第3章　Helmでアプリケーションをデプロイ　61

リスト3.8ではPersistentVolume（PV）の有無や設定を選択できます。「persistence.enabled」がデフォルトで「false」になっているため、デフォルトではPVを使わない設定になっています。「false」にした場合は、PVではなく「emptyDir」[9]というPod用のコンテナ間の共有ディレクトリーがマウントされ、Pod削除時に削除されます。

この仕組みはプログラム言語でも決まって登場する条件制御（If文による条件分岐）で実現しています。Helmでもプログラミング言語のように条件分岐や反復制御を実装することができます。詳細については第4章「Helm Chartを自作しよう」で触れます。

「# storageClassName: default」の箇所は動的プロビジョニングの仕組みである「StorageClass」[10]を利用しています。通常、PVやPVCを使う際は、

1．ブロックディスクやストレージを用意してPersistentVolume（PV）化する
2．PersistentVolumeClaim（PVC）で条件に合致するPVの利用を宣言する
3．DeploymentやStatefulsetなどでPVCを指定する

という流れで永続化を実現します。パブリッククラウドではStorageClassが事前に用意されています。そのStorageClassを利用することで、利用者が1のディスクやストレージを用意せずとも、2のPVC宣言時にPVを自動で購入し割り当ててくれます。

GKEではデフォルトで「standard」[11]というStorageClassが存在します。「# storageClassName: default」と書いてある箇所をstandardと書き換えてもよいですが、特に指定しなければデフォルトのStorageClassが割り当てられるのでリスト3.8では何も変更しません（もちろん変更しても構いません）。

リスト3.9とリスト3.10はGrafana固有の設定[12]です。

リスト3.9: values.yaml（datasource）

```
## Configure grafana datasources
## ref: http://docs.grafana.org/administration/provisioning/#datasources
##
datasources: {}
#  datasources.yaml:
#    apiVersion: 1
#    datasources:
#    - name: Prometheus
#      type: prometheus
#      url: http://prometheus-prometheus-server
#      access: proxy
#      isDefault: true
```

9.EmptyDir https://kubernetes.io/docs/concepts/storage/volumes/#emptydir

10.StorageClasshttps://kubernetes.io/docs/concepts/storage/storage-classes/

11.GKE 永続ディスクを使用した永続ボリューム https://cloud.google.com/kubernetes-engine/docs/concepts/persistent-volumes?hl=ja

12.Grafana Datasourcehttp://docs.grafana.org/features/datasources/

リスト3.10: values.yaml（datasource）

```
## Configure grafana datasources
## ref: http://docs.grafana.org/administration/provisioning/#datasources
##
datasources:
  datasources.yaml:
    apiVersion: 1
    datasources:
    - name: Prometheus
      type: prometheus
      url: http://prometheus-server
      access: proxy
      isDefault: true
```

　Datasourceと呼ばれる監視ダッシュボードに表示するデータ元を定義します。今回はPrometheus
を立てるため、それを参照するようにリスト3.9のコメントアウト状態からリスト3.10に変更します。
　以上で、value.yamlの編集が整いました。PrometheusとGrafanaをインストールするための名前
空間「monitoring」を作成して、そこにインストールします。Prometheusはデフォルトのままで、
Grafanaは編集したvalues.yamlを指定してインストールします。

```
# 名前空間「monitoring」を作成する
$ kubectl create namespace monitoring
namespace/monitoring created

# 指定した名前で、指定した名前空間にPrometheusをインストールする
$ helm install --name prometheus --namespace monitoring stable/prometheus

# values.yamlを指定して、指定した名前で、指定した名前空間にGrafanaをインストールする
$ helm install --name grafana --namespace monitoring -f grafana/values.yaml \
stable/grafana

NOTES:
1. Get your 'admin' user password by running:

kubectl get secret --namespace monitoring grafana \
-o jsonpath="{.data.admin-password}" | base64 --decode ; echo

2. The Grafana server can be accessed via port 80 on the following DNS
name from within your cluster:

grafana.monitoring.svc.cluster.local

Get the Grafana URL to visit by running these commands in the same shell:
NOTE: It may take a few minutes for the LoadBalancer IP to be available.
You can watch the status of by running
```

第3章　Helmでアプリケーションをデプロイ　　63

```
'kubectl get svc --namespace monitoring -w grafana'
export SERVICE_IP=$(kubectl get svc --namespace monitoring grafana \
-o jsonpath='{.status.loadBalancer.ingress[0].ip}')
http://$SERVICE_IP:80

3. Login with the password from step 1 and the username: admin
```

NOTESに出てきたコマンドを実行してadminユーザのパスワードを取得します。

```
$ kubectl get secret --namespace monitoring grafana \
-o jsonpath="{.data.admin-password}" | base64 --decode ; echo
qCcLjjwto9QDkSbzraUB4Z4xVeJA8REMwpqolSbT
```

このパスワードはGrafanaへのadminユーザでのログイン時に利用するため控えておきます。
続けてNOTESに出てきたGrafanaへのアクセスするためのグローバルIPを取得します。

```
$ export SERVICE_IP=$(kubectl get svc --namespace monitoring grafana \
-o jsonpath='{.status.loadBalancer.ingress[0].ip}')

$ echo $SERVICE_IP
34.80.236.56
```

Grafanaにアクセスするにはブラウザーで「http://34.80.236.56:80」を入力します。

図3.3: Grafanaログイン

図3.3でユーザ「admin」と取得したパスワードを入力し「Log In」を押下します。

図 3.4: Grafana ホーム画面

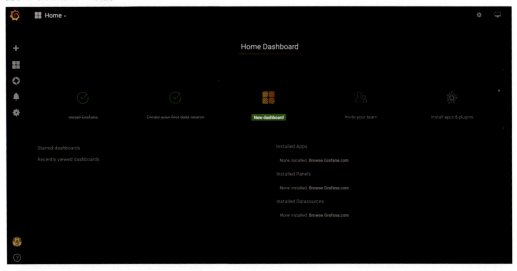

図3.4でDatasourceがすでに定義されていることが確認できます。ためしにDashboardを登録してみましょう。

図 3.5: Grafana メニュー

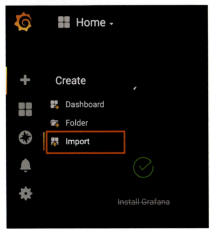

図3.5のメニュー「Create」から「Import」を選択します。

図3.6: Dashboard Import（1/2）

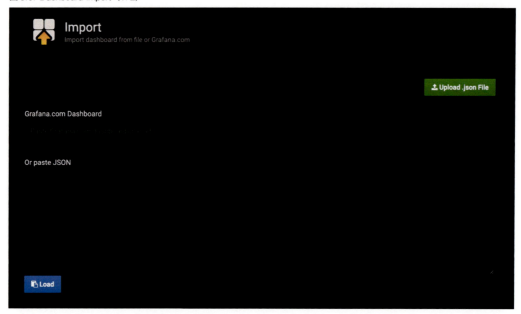

　図3.6でインターネットに公開されているDashboard[13]やJSONをアップロードすることでDashboardをインポートできます。今回は「1. Kubernetes Deployment Statefulset Daemonset metrics」[14]というDashboardをインポートします。

図3.7: Dashboard Import（2/2）

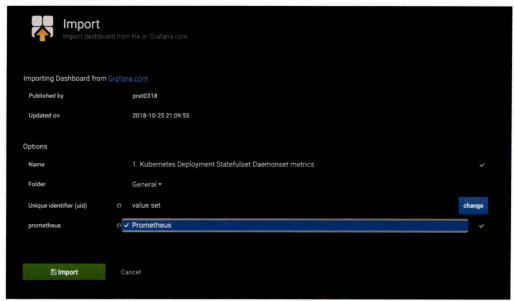

13.Grafana Dashboardshttps://grafana.com/dashboards
14.1. Kubernetes Deployment Statefulset Daemonset metricshttps://grafana.com/dashboards/8588

図3.7でDashboardのIDを指定し、Datasourceを選択して「Import」を押下します。

図3.8: Dashboard

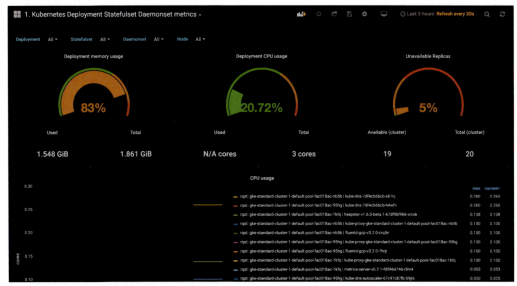

図3.7でインポートすると画面が遷移し、図3.8のようにDashboardが表示されます。

以上で、Prometheus/Grafanaの構築が完了しました。

本章では触れませんでしたが、Dashboardの定義もChartのvalues.yamlに事前に記載することで、手動でインポートせずに自動でインポートさせることもできます。

本章で公開しているChartを使ってソフトウェアをHelmでインストールできるようになりました。

第4章「Helm Chartを自作しよう」ではいよいよ本書の最大のテーマであるChartの自作をしていきます。

第4章 Helm Chartを自作しよう

本章では、Helm Chartを自作します。自作のWebアプリケーションを独自Chart化できるようになるのがゴールです。公式ドキュメントのチュートリアルを確認した後、自作WebアプリケーションをChart化します。

4.1 Chart作成チュートリアル

アプリケーションのChartに取り掛かる前に、Helm公式ドキュメントのチュートリアル[1]を参考に簡単なChartを作ってみましょう。本節はChartを作る際の考え方やテクニック（変数やFunctionの理解）の感覚を掴むことを目的とします。公式ドキュメントのチュートリアルに沿っていますが、全てを掲載しているわけではありません。全文を確認したい方は公式ドキュメント[2]を参照してください。

4.1.1 helm create

第3章「Helmでアプリケーションをデプロイ」で登場した helm create でサンプルのChartを作成します。すでにこれまでの章で見てきたとおり、templateには変数化されたYAMLマニフェストがあり、values.yamlにはその変数定義が記載されています。

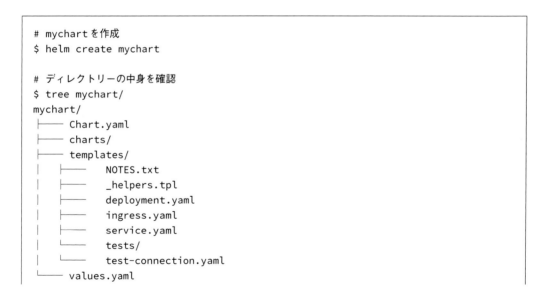

```
# mychartを作成
$ helm create mychart

# ディレクトリーの中身を確認
$ tree mychart/
mychart/
├── Chart.yaml
├── charts/
├── templates/
│   ├── NOTES.txt
│   ├── _helpers.tpl
│   ├── deployment.yaml
│   ├── ingress.yaml
│   ├── service.yaml
│   └── tests/
│       └── test-connection.yaml
└── values.yaml
```

---

1. The Chart Template Developer's Guide https://helm.sh/docs/chart_template_guide/#the-chart-template-developer-s-guide
2. The Chart Template Developer's Guide https://helm.sh/docs/chart_template_guide/#the-chart-template-developer-s-guide

```
3 directories, 8 files
```

4.1.2 Templateファイルの作成

template配下の全てのファイルを削除します。これはフルスクラッチで作るためです。合わせてvalues.yamlの中身を初期化します。

```
# templates 配下のファイルを削除
$ rm -rf mychart/templates/*

# values.yaml を初期化
$ echo "" > mychart/values.yaml
```

全てのtemplateファイルを削除できましたね。それでは最初からtemplateファイルを作成していきます。

まずはConfigMapを作ります。ConfigMapは環境変数や設定情報を定義するのに利用する基本的なリソースです。key「myvalue」にvalue「"Hello World"」を定義します。

リスト4.1: mychart/templates/configmap.yaml

```
apiVersion: v1
kind: ConfigMap
metadata:
  name: mychart-configmap
data:
  myvalue: "Hello World"
```

templatesディレクトリーに配置したファイルは、Helmコマンド実行時にテンプレートエンジンに送られます。今回は何も変数化していないため、Tillerがこのtemplateを読んでも、そのままの値がKubernetesに読み込まれます。

この単純なtemplateだけでも、すでにインストール可能なChartになっています。次のコマンドでChartをインストールできます。もちろんインストールしても、ConfigMapがインストールされるだけで他には何も起こりません。

```
$ helm install ./mychart
NAME: winsome-wombat
LAST DEPLOYED: Sun Mar 24 20:23:04 2019
NAMESPACE: default
STATUS: DEPLOYED

RESOURCES:
==> v1/ConfigMap
```

第4章 Helm Chartを自作しよう | 69

```
NAME DATA AGE
mychart-configmap 1 0s
```

4.1.3 Templateファイルを変数化

「name」部分をハードコーディングするのは、基本的にバッドプラクティスです。「name」は
Releaseごとにユニークであるべきです。単なるConfigMapだったconfigmap.yamlを変数化してみ
ましょう。リスト4.2のように「metadata.name」を変数化します。

リスト4.2: mychart/templates/configmap.yaml

```
apiVersion: v1
kind: ConfigMap
metadata:
  name: {{ .Release.Name }}-configmap
data:
  myvalue: "Hello World"
```

「‖.Release.Name‖」と記載した箇所が変数化した箇所です。「‖.Release.Name‖」は組み込み変
数と呼ばれるいわゆる予約語です。「‖.Release.Name‖」以外にも組み込み変数として使える変数が
あります。その他の組み込み変数は後述の図4.1を参照してください。

helm install --debug --dry-runで「‖‖」で囲っている変数部分がどのように展開するのか
を、実際にインストールせずに出力結果だけを確認できます。次のコマンドで変数化したChartを
デバッグします。

```
$ helm install --debug --dry-run ./mychart
[debug] Created tunnel using local port: '32855'

[debug] SERVER: "127.0.0.1:32855"

[debug] Original chart version: ""
[debug] CHART PATH: /home/XXXXX/mychart

NAME: wrinkled-emu
REVISION: 1
RELEASED: Sun Mar 24 22:18:44 2019
CHART: mychart-0.1.0
（省略）

---
# Source: mychart/templates/configmap.yaml
apiVersion: v1
kind: ConfigMap
metadata:
name: wrinkled-emu-configmap
```

70   第4章 Helm Chartを自作しよう

```
data:
myvalue: "Hello World"
```

Release 名が「wrinkled-emu」が ConfigMap の name に代入され、「wrinkled-emu-configmap」になっていることが確認できました。

4.1.4 組み込み変数

組み込み変数として使える変数の一覧が図4.1です。

図4.1: 組み込み変数一覧

変数名	概要
Release.Name	Release 名
Release.Time	Release した時間
Release.Namespace	Release した名前空間
Release.Service	Release するサービス（常に Tiller になる）
Release.Revision	Release の履歴番号（1 からインクリメントされる）
Release.IsUpgrade	upgrade か rollback 操作の場合、「true」がセットされる
Release.IsInstall	install 操作の場合、「true」がセットされる
Values	values.yaml に定義した変数。変数名は任意で定義できる
Chart.ApiVersion	Chart API バージョン（常に v1）
Chart.Name	Chart の名前
Chart.Version	セマンティックバージョン
Chart.KubeVersion	互換性のある Kubernetes バージョン
Chart.Description	Chart の概要一文
Chart.Home	ホームページの URL
Chart.Sources	ソースコードの URL
Chart.Maintainers	Chart のメンテナーの名前と Email（配列）
Chart.engine	テンプレートエンジン（デフォルト「gotpl」）
Chart.Icon	アイコンの URL
Chart.AppVersion	コンテナアプリのバージョン
Chart.Deprecated	Chart が推奨/非推奨か否か（Boolean）
Chart. illerVersion	Chart が必要とする Tiller のバージョン
File.Get	Chart ディレクトリの追加ファイルの中身を取得する
File.GetBytes	Chart ディレクトリの追加ファイルの中身をバイト配列で取得する
Capabilities.APIVersions	Kubernetes リソースのバージョン
Capabilities.APIVersions.Has	指定バージョンが存在するかしないかを返す（Boolean）
Capabilities.KubeVersion	コンテキストの Kubernetes バージョン（Major、Minor なども部分取得可能）
Capabilities.TillerVersion	コンテキストの Tiller バージョン
Template.Name	カレントの相対ファイルパス
Template.BasePath	templates ディレクトリの相対パス

「Release」や「Chart」、「Values」、「Files」、「Capabilities」、「Template」があります。

特に利用頻度が多いのが「Release」や「Chart」、「Values」です。この3種類は以降のチュートリアルでも頻繁に利用されます。

「Release」は Release に関するメタ情報を取得できます。たとえば「Release.Name」で Release 名が取得できます。

「Chart」はChartに関するメタ情報を取得できます。たとえば「Chart.Name」でChartの名前を、「Chart.Version」でChartのバージョンが取得できます。

「Values」はもっとも利用頻度の高い変数になるでしょう。values.yamlで定義した変数は「Values.変数キー名」で変数の値を取得できます。values.yamlにどのような変数を定義するかはChart作成者が自由に決められます。公式ドキュメントのベストプラクティス[3]では次のリスト4.3のようになるべく階層を持たず、フラットに変数定義をするべきだと記載されています。

リスト4.3: Best Practice Values

```
# 階層を持つ例
server:
  name: nginx
  port: 80


# フラットな例
serverName: nginx
serverPort: 80
```

4.1.5 Values Fileで変数化

mychartに戻り、次はvalues.yamlを使った変数化を行います。リスト4.4にパラメータをひとつ定義します。

リスト4.4: mychart/values.yaml

```
favoriteDrink: coffee
```

リスト4.5のdataにkey「drink」を追加します。

リスト4.5: mychart/templates/configmap.yaml

```
apiVersion: v1
kind: ConfigMap
metadata:
  name: {{ .Release.Name }}-configmap
data:
  myvalue: "Hello World"
  drink: {{ .Values.favoriteDrink }}
```

key「drink」のvalue「{{ .Values.favoriteDrink }}」を定義します。「.Values」に「favoriteDrink」を付けることで、values.yamlに記載した値を取得できます。

それでは次のコマンドでデバッグしてみます。

3.The Chart Best Practices Guide https://helm.sh/docs/chart_best_practices/#the-chart-best-practices-guide

72 第4章 Helm Chartを自作しよう

```
$ helm install --debug --dry-run ./mychart
（省略）
NAME: honking-fly
REVISION: 1
RELEASED: Sun Mar 24 22:58:45 2019
CHART: mychart-0.1.0
（省略）


---
# Source: mychart/templates/configmap.yaml
apiVersion: v1
kind: ConfigMap
metadata:
name: honking-fly-configmap
data:
myvalue: "Hello World"
drink: coffee
```

ConfigMapのdata「drink」がvalues.yamlに記載した「coffee」が出力されました。第3章「Helmでアプリケーションをデプロイ」で説明した--setフラグを使うこともできます。--setを使うと、values.yamlに記載した値よりも優先して変数を代入できます。

さらにvalues.yamlを修正します。リスト4.4ではフラットな構造でしたが、リスト4.6では階層構造にしました。Helm公式の推奨はフラットな構成ですが、このように変数を階層化させることができます。

リスト4.6: mychart/values.yaml

```
favorite:
  drink: coffee
  food: pizza
```

リスト4.6のvalues.yamlの階層が変更したことに合わせて、configmap.yamlもリスト4.7に変更します。

リスト4.7: mychart/templates/configmap.yaml

```
apiVersion: v1
kind: ConfigMap
metadata:
  name: {{ .Release.Name }}-configmap
data:
  myvalue: "Hello World"
  drink: {{ .Values.favorite.drink }}
  food: {{ .Values.favorite.food }}
```

リスト4.7のdata「drink」と「food」の値の取得の仕方も「.Values.favorite.キー名」に変わりま

第4章　Helm Chartを自作しよう　　73

した。

4.1.6 Template Functions と Pipelines

Helm Chart では template のファイルに function を使うことで、変数の値を加工することができます。リスト4.8では「quote」function を使います。

リスト4.8: mychart/templates/configmap.yaml

```
apiVersion: v1
kind: ConfigMap
metadata:
  name: {{ .Release.Name }}-configmap
data:
  myvalue: "Hello World"
  drink: {{ quote .Values.favorite.drink }}
  food: {{ quote .Values.favorite.food }}
```

リスト4.8では「quote .Values.favorite.drink」とすることで、「.Values.favorite.drink」に対して「quote」function が機能します。

デバッグすると、どのような出力になるか確認しましょう。

```
$ helm install --debug --dry-run ./mychart
（省略）
NAME: mothy-alligator
REVISION: 1
RELEASED: Sun Mar 24 23:24:32 2019
CHART: mychart-0.1.0
（省略）


---
# Source: mychart/templates/configmap.yaml
apiVersion: v1
kind: ConfigMap
metadata:
name: mothy-alligator-configmap
data:
myvalue: "Hello World"
drink: "coffee"
food: "pizza"
```

dataの「drink」と「food」にダブルクォーテーションが付きました。このように「quote」function を使うと文字列にダブルクォーテーションを付けられます。

Helmには60を超えるfunctionがあります。これはHelm特有のfunctionではなく、Go template

74 | 第4章 Helm Chart を自作しよう

language[4]やSprig template library[5]の機能です。そのため、これらを学ぶことはChartを作るのに非常に役立ちます。巻末に「Chart用Sprig Functionsチートシート」があるため、Chartを作る際の参考としてお役立てください。

4.1.6.1　Pipelines

UNIXのPipelineと同じコンセプトで、ChartにもPipelineを使うことができます。Pipelineを繋げることで、複数の機能を連鎖させることができます。

リスト4.9: mychart/templates/configmap.yaml

```
apiVersion: v1
kind: ConfigMap
metadata:
  name: {{ .Release.Name }}-configmap
data:
  myvalue: "Hello World"
  drink: {{ .Values.favorite.drink | quote }}
  food: {{ .Values.favorite.food | upper | quote }}
```

リスト4.9は、「quote」functionをPipelineで書き換えた例です。さらに「food」は「.Values.favorite.food | upper | quote」とすることで、functionをふたつ使っています。リスト4.9を展開すると次の結果になります。

```
---
# Source: mychart/templates/configmap.yaml
apiVersion: v1
kind: ConfigMap
metadata:
name: ironic-gnat-configmap
data:
myvalue: "Hello World"
drink: "coffee"
food: "PIZZA"
```

「upper」functionを使ったことで、valuesに書いてあった「pizza」が「PIZZA」と大文字になり、ダブルクォーテーションも付きました。

4.1.6.2　Default Function

Chartで「default」functionを使うことでデフォルト値を設定できます。リスト4.10でkey「drink」に「default "tea"」functionを使います。

4.Go template languagehttps://godoc.org/text/template
5.Sprig template libraryhttps://godoc.org/github.com/Masterminds/sprig

第4章　Helm Chartを自作しよう　　75

リスト 4.10: mychart/templates/configmap.yaml

```
apiVersion: v1
kind: ConfigMap
metadata:
  name: {{ .Release.Name }}-configmap
data:
  myvalue: "Hello World"
  drink: {{ .Values.favorite.drink | default "tea" | quote }}
  food: {{ .Values.favorite.food | upper | quote }}
```

リスト4.10で「default」functionにより「drink」に「"tea"」をデフォルト値で定義しています。リスト4.11でvalues.yamlから「drink」をコメントアウトします。

リスト 4.11: mychart/values.yaml

```
favorite:
  #drink: coffee
  food: pizza
```

values.yamlから「drink」をコメントアウトしてデバッグすると、次の結果になります。

```
---
# Source: mychart/templates/configmap.yaml
apiVersion: v1
kind: ConfigMap
metadata:
name: fantastic-snake-configmap
data:
myvalue: "Hello World"
drink: "tea"
food: "PIZZA"
```

実際のChartでは変数定義がvalues.yamlに定義が集約されており、「default」functionは繰り返し使用すべきではありません。ただし、values.yamlで宣言できない変数に使うには最適です。

4.1.7　フロー制御

プログラミング言語で条件分岐や繰り返し制御ができるようにChartでもフロー制御ができます。Helmでは次のフロー制御が使えます。

・if / elseによる条件分岐
・withによる範囲指定
・rangeによるループ

加えて、template内で使用できる次の機能もあります。

76 | 第4章　Helm Chartを自作しよう

・define による変数定義

・template で定義した変数をインポート

・include による変数読み込み

4.1.7.1　If / Else

If / Else を使うことで Chart で条件分岐を実装できます。たとえば PersistentVolume を使う場合は PV を宣言し、使わない場合は emptyDir を使う、などの条件分岐を実現できます。

リスト 4.12: IF/ELSE

```
{{ if PIPELINE }}
  # Do something
{{ else if OTHER PIPELINE }}
  # Do something else
{{ else }}
  # Default case
{{ end }}
```

リスト 4.12 のように Pipeline に対して条件判定をしていますが、次の場合に当てはまると「false」に判定されます。

・Boolean 値で false

・数字の 0

・空文字

・nil または null

・空のコレクション（map, slice, tuple, dict, array）

これ以外は「true」と判定されます。

実際に試してみましょう。リスト 4.10 の ConfigMap に条件分岐を入れてみます。条件分岐を確認するために values.yaml からコメントアウトしていた「drink」を元に戻します。

リスト 4.13: mychart/values.yaml

```
favorite:
  drink: coffee
  food: pizza
```

リスト 4.13 のコメントアウトを元に戻さないと条件判定時にエラーが発生します。

リスト 4.14: mychart/templates/configmap.yaml

```
apiVersion: v1
kind: ConfigMap
metadata:
  name: {{ .Release.Name }}-configmap
data:
```

第 4 章　Helm Chart を自作しよう　　77

```
myvalue: "Hello World"
drink: {{ .Values.favorite.drink | default "tea" | quote }}
food: {{ .Values.favorite.food | upper | quote }}
{{ if eq .Values.favorite.drink "coffee" }}mug: true{{ end }}
```

リスト4.14で最後の行にIfを使った文を入れています。これはvalues.yamlの「favorite.drink」が「"coffee"」の場合、「mug: true」を出力します。リスト4.14の出力例が次になります。

```
# Source: mychart/templates/configmap.yaml
apiVersion: v1
kind: ConfigMap
metadata:
name: eyewitness-elk-configmap
data:
myvalue: "Hello World"
drink: "coffee"
food: "PIZZA"
mug: true
```

4.1.7.2　ホワイトスペースの制御

Helmを使っていると意外なところで悩まされるのがホワイトスペースの扱いです。リスト4.14の例をより読みやすい形式にすると、ホワイトスペースの問題に直面します。

リスト4.15: mychart/templates/configmap.yaml

```
apiVersion: v1
kind: ConfigMap
metadata:
  name: {{ .Release.Name }}-configmap
data:
  myvalue: "Hello World"
  drink: {{ .Values.favorite.drink | default "tea" | quote }}
  food: {{ .Values.favorite.food | upper | quote }}
  {{ if eq .Values.favorite.drink "coffee" }}
    mug: true
  {{ end }}
```

リスト4.15でデバッグをすると、次のエラーが発生します。これはインデントをずらしたことで、余分なホワイトスペースがあるためです。

```
Error: YAML parse error on mychart/templates/configmap.yaml:
error converting YAML to JSON: yaml: line 9: did not find expected key
```

78 | 第4章 Helm Chartを自作しよう

リスト4.16で「mug: true」のインデントを修正します。

リスト4.16: mychart/templates/configmap.yaml

```
apiVersion: v1
kind: ConfigMap
metadata:
  name: {{ .Release.Name }}-configmap
data:
  myvalue: "Hello World"
  drink: {{ .Values.favorite.drink | default "tea" | quote }}
  food: {{ .Values.favorite.food | upper | quote }}
  {{ if eq .Values.favorite.drink "coffee" }}
  mug: true
  {{ end }}
```

しかし、これを実行するとエラーはなくなりますが、余計な改行ができます。リスト4.16の出力例が次になります。

```
# Source: mychart/templates/configmap.yaml
apiVersion: v1
kind: ConfigMap
metadata:
name: telling-chimp-configmap
data:
myvalue: "Hello World"
drink: "coffee"
food: "PIZZA"

mug: true
```

「mug: true」の上に空白行があります。これはテンプレートエンジンが実行したとき、「{{ }}」のコンテンツが取り除かれても残りの空白がそのまま残るためです。

Helmはこのホワイトスペースを扱うツールがあります。「{{-」や「-}}」のように二重波括弧にダッシュをつけることでホワイトスペースを扱えます。「{{-」で左側の改行文字を取り除き、「-}}」で右側の改行文字を取り除きます。

リスト4.17: mychart/templates/configmap.yaml

```
apiVersion: v1
kind: ConfigMap
metadata:
  name: {{ .Release.Name }}-configmap
data:
  myvalue: "Hello World"
```

第4章 Helm Chartを自作しよう　79

```
drink: {{ .Values.favorite.drink | default "tea" | quote }}
food: {{ .Values.favorite.food | upper | quote }}
{{- if eq .Values.favorite.drink "coffee" }}
mug: true
{{- end }}
```

リスト4.17は「‖-」を付けているため左側の改行文字が取り除かれます。リスト4.17の出力結果が次になります。

```
# Source: mychart/templates/configmap.yaml
apiVersion: v1
kind: ConfigMap
metadata:
name: clunky-cat-configmap
data:
myvalue: "Hello World"
drink: "coffee"
food: "PIZZA"
mug: true
```

ただし、リスト4.18のように誤ると改行が取り除かれ過ぎてしまいます。

リスト4.18: mychart/templates/configmap.yaml

```
（省略）
food: {{ .Values.favorite.food | upper | quote }}
{{- if eq .Values.favorite.drink "coffee" -}}
mug: true
{{- end -}}
```

リスト4.18の出力は次のように正しく改行されない状態で出力されます。

```
（省略）
drink: "coffee"
food: "PIZZA"mug: true
```

4.1.7.3　With

withを使うことで変数のスコープを変更できます。これまで出てきた「.」というのがカレントスコープを示しています。「.Values」はカレントスコープの「Values」オブジェクトにアクセスしています。

リスト4.19の例をみるとイメージしやすいかもしれません。

80 | 第4章　Helm Chartを自作しよう

リスト4.19: mychart/templates/configmap.yaml

```
apiVersion: v1
kind: ConfigMap
metadata:
  name: {{ .Release.Name }}-configmap
data:
  myvalue: "Hello World"
  {{- with .Values.favorite }}
  drink: {{ .drink | default "tea" | quote }}
  food: {{ .food | upper | quote }}
  {{- end }}
```

　リスト4.18のifを取り除いて、「.Values.favorite」をwithで宣言しています。これまではdrinkを「.Values.favorite.drink」で変数を展開していましたが、withを使ったことで「.drink」と呼び出す階層が浅くなりました。「{{ with }}」から「{{ end }}」までの変数のスコープが変更になったためです。

4.1.7.4　Range

　Rangeはプログラミング言語でいうfor構文やforeach構文と同じ効果が得られます。配列操作に利用できます。

　rangeを試すためにvalues.yamlをリスト4.20に変更します。

リスト4.20: mychart/values.yaml

```
favorite:
  drink: coffee
  food: pizza
pizzaToppings:
  - mushrooms
  - cheese
  - peppers
  - onions
```

　リスト4.20に「pizzaToppings」というslice型のリストを追加しました。

　リスト4.21のようにConfigMapを修正します。

リスト4.21: mychart/templates/configmap.yaml

```
apiVersion: v1
kind: ConfigMap
metadata:
  name: {{ .Release.Name }}-configmap
data:
  myvalue: "Hello World"
```

第4章　Helm Chartを自作しよう　　81

```
{{- with .Values.favorite }}
drink: {{ .drink | default "tea" | quote }}
food: {{ .food | upper | quote }}
{{- end }}
toppings: |-
  {{- range .Values.pizzaToppings }}
  - {{ . | title | quote }}
  {{- end }}
```

リスト4.21の「range .Values.pizzaToppings」で「pizzaToppings」リストの個数分、処理が繰り返されます。

rangeの次の行で「. | title | quote」があります。この「.」に1回目のループで「mushrooms」、2回目のループで「cheese」がセットされます。

「title | quote」でTitle Case（先頭を大文字）にし、ダブルクォーテーションが付きます。

リスト4.21の出力例が次になります。

```
# Source: mychart/templates/configmap.yaml
apiVersion: v1
kind: ConfigMap
metadata:
name: edgy-dragonfly-configmap
data:
myvalue: "Hello World"
drink: "coffee"
food: "PIZZA"
toppings: |-
- "Mushrooms"
- "Cheese"
- "Peppers"
- "Onions"
```

また、「tuple」functionを使って簡単にリストを反復処理できます。リスト4.22は「small」「medium」「large」というリストを扱う例です。

リスト4.22: size-list.yaml

```
sizes: |-
  {{- range tuple "small" "medium" "large" }}
  - {{ . }}
  {{- end }}
```

リスト4.22の出力例が次になります。

82　第4章　Helm Chartを自作しよう

```
sizes: |-
- small
- medium
- large
```

4.1.7.5 Variables

これまでの節でも何度もみてきた変数ですが、変数をtemplate内で代入する仕組みがあります。「$変数名」と「:=」を利用することで、template内で変数を代入できます。

リスト4.23: mychart/templates/configmap.yaml

```
apiVersion: v1
kind: ConfigMap
metadata:
  name: {{ .Release.Name }}-configmap
data:
  myvalue: "Hello World"
  {{- $relname := .Release.Name -}}
  {{- with .Values.favorite }}
  drink: {{ .drink | default "tea" | quote }}
  food: {{ .food | upper | quote }}
  release: {{ $relname }}
  {{- end }}
```

リスト4.23では「$relname := .Release.Name」で「relname」という変数に「.Release.Name」の値を代入しています。そして代入した「$relname」を「release: {{ $relname }}」として利用しています。

リスト4.23の出力例が次になります。

```
# Source: mychart/templates/configmap.yaml
apiVersion: v1
kind: ConfigMap
metadata:
name: viable-badger-configmap
data:
myvalue: "Hello World"
drink: "coffee"
food: "PIZZA"
release: viable-badger
```

この変数代入はrangeと組み合わせると便利に使えます。rangeと組み合わせた例がリスト4.24です。

第4章　Helm Chartを自作しよう | 83

リスト4.24: mychart/templates/configmap.yaml

```
（省略）
 toppings: |-
   {{- range $index, $topping := .Values.pizzaToppings }}
     {{ $index }}: {{ $topping }}
   {{- end }}
```

リスト4.24の「$index」は予約語で、0から始まりループを繰り返すたびにひとつずつインクリメントされます。

リスト4.24の出力例が次になります。

```
toppings: |-
0: mushrooms
1: cheese
2: peppers
3: onions
```

インデックスと値がリストの個数分、出力されます。

また、rangeと変数代入を組み合わせることで、keyとvalueの両方を取得することができます。リスト4.25がrangeを使ってkeyとvalueを取得する例です。

リスト4.25: mychart/templates/configmap.yaml

```
apiVersion: v1
kind: ConfigMap
metadata:
  name: {{ .Release.Name }}-configmap
data:
  myvalue: "Hello World"
  {{- range $key, $val := .Values.favorite }}
  {{ $key }}: {{ $val | quote }}
  {{- end}}
```

「range $key, $val := .Values.favorite」で「.Values.favorite」のkeyとvalueを取得します。1回目のループで「key:drink, value:coffee」が、2回目のループで「key:food, value:pizza」が取得できます。

リスト4.25の出力例が次になります。

```
# Source: mychart/templates/configmap.yaml
apiVersion: v1
kind: ConfigMap
metadata:
name: eager-rabbit-configmap
data:
```

84 第4章 Helm Chartを自作しよう

```
myvalue: "Hello World"
drink: "coffee"
food: "pizza"
```

リスト4.23の「$relname」はtemplateの中のトップレベルで宣言していたため、templateファイル内全体で利用できます。ただ、リスト4.25の「$key」「$val」は「⦀ range ⦀⦀ end ⦀」のブロック内でしか使えません。

常にグローバルなスコープをもつ「$」があります。「$」はルートコンテキストを指すため、トップのスコープを参照できます。「$」は、rangeを使ってループしている際に、ChartのRelease名が知りたい際に必要になります。リスト4.26は「$」を利用した例です。

リスト4.26: secret.yaml

```
{{- range .Values.tlsSecrets }}
apiVersion: v1
kind: Secret
metadata:
  name: {{ .name }}
  labels:
    # Many helm templates would use '.' below, but that will not work,
    # however '$' will work here
    app.kubernetes.io/name: {{ template "fullname" $ }}
    # I cannot reference .Chart.Name, but I can do $.Chart.Name
    helm.sh/chart: "{{ $.Chart.Name }}-{{ $.Chart.Version }}"
    app.kubernetes.io/instance: "{{ $.Release.Name }}"
    app.kubernetes.io/managed-by: "{{ $.Release.Service }}"
type: kubernetes.io/tls
data:
  tls.crt: {{ .certificate }}
  tls.key: {{ .key }}
---
{{- end }}
```

リスト4.26はファイル全体がrangeで囲まれています。そのため「.」のカレントスコープが「.Values.tlsSecrets」を指すため、「$」を使わないとChartやReleaseの情報が取得できません。

どのプログラミング言語にもいえることですが、変数のスコープには気をつけてください。

4.1.8　Named Template

これまでの節で見てきた変数は、ひとつのtemplateの中で使うものでした。これから見ていくのは複数のtemplateファイルで宣言・利用ができる変数です。Helm公式ドキュメントでは「Named Template」と呼ばれています。これから説明する「define」「template」「block（include）」を公式

第4章　Helm Chartを自作しよう　85

に倣って本書でも「Named Template」と呼びます。

Named Templateで重要なことのひとつは、**template name がグローバルスコープ**であることです。もし同じ名前のふたつの template を宣言した場合は、後勝ちで最後に読み込まれた方で上書きされますので、注意してください。サブ Chart 内の template も親の Chart と一緒にコンパイルされるため、template には Chart 独自の名前を付けて、重複しないようにしましょう。

4.1.8.1 ＿ Helper Files

「define」「template」アクションの説明に入る前に「＿」というプレフィックスのついたファイルについて説明します。

template ファイルには次の規約があります。

・templates/配下のファイルは Kubernetes マニフェストとして扱われる
・NOTES.txt は例外で、マニフェストとして扱われない（ただ、NOTES 本文に template や Pipeline を利用できます）
・「＿」で始まるファイルはマニフェストとして扱われない

「＿」で始まるファイルは Kubernetes マニフェストとして扱われませんが、Chart の template のどこからでも利用できます。たとえば「_helpers.tpl」というファイルのようにヘルパーとしてグローバルな値を定義したいときに利用します。Stable の公式 Chart でも、Chart 全体で利用するグローバルな値（Chart の名前やアプリの名前など）を定義していることが多いです。

4.1.8.2 Define / Template アクション

「define」「template」アクションはセットで利用します。簡単に説明すると、「define で変数定義」「template で変数呼び出し」という使い方をします。他にも変数を定義し、その変数を利用する方法を見てきましたが、「define」「template」はグローバルに使えるので、Chart 全体で利用できます。

では次の例を見てみましょう。

リスト 4.27: define

```
{{- define "mychart.labels" }}
  labels:
    generator: helm
    date: {{ now | htmlDate }}
{{- end }}
```

リスト 4.27 は、「{{ define }}{{ end }}」の間に Kubernetes オブジェクトで利用する labels ブロックを定義しています。このリスト 4.27 をリスト 4.25 の ConfigMap に追加し、metadata に「template」アクションを挿入します。

リスト 4.28: mychart/templates/configmap.yaml

```
{{- define "mychart.labels" }}
  labels:
    generator: helm
```

86 ｜ 第4章 Helm Chart を自作しよう

```
    date: {{ now | htmlDate }}
{{- end }}
apiVersion: v1
kind: ConfigMap
metadata:
  name: {{ .Release.Name }}-configmap
  {{- template "mychart.labels" }}
data:
  myvalue: "Hello World"
  {{- range $key, $val := .Values.favorite }}
  {{ $key }}: {{ $val | quote }}
  {{- end}}
```

テンプレートエンジンがリスト4.28を読み込むと、「define "mychart.labels"」を参照し、「template "mychart.labels"」の箇所がレンダリングされます。リスト4.28の出力例が次になります。

```
# Source: mychart/templates/configmap.yaml
apiVersion: v1
kind: ConfigMap
metadata:
name: running-panda-configmap
labels:
generator: helm
date: 2016-11-02
data:
myvalue: "Hello World"
drink: "coffee"
food: "pizza"
```

labelsブロックが出力されていることが確認できました。

「define」のようにグローバルな値はたいてい「_helpers.tpl」のようなヘルパーファイルで宣言をします。「_helpers.tpl」ファイルを作成し、リスト4.28から記載を移しましょう。

リスト4.29の「_helpers.tpl」を作成し、リスト4.28から「define」の箇所を移します。

リスト4.29: mychart/templates/_helpers.tpl

```
{{/* Generate basic labels */}}
{{- define "mychart.labels" }}
  labels:
    generator: helm
    date: {{ now | htmlDate }}
{{- end }}
```

リスト4.29のように「define」の宣言箇所は「{{/* … */}}」とくくるのが、定番の作法です。

第4章 Helm Chartを自作しよう　87

リスト4.28から「define」を取り除きます。

リスト4.30: mychart/templates/configmap.yaml

```
apiVersion: v1
kind: ConfigMap
metadata:
  name: {{ .Release.Name }}-configmap
  {{- template "mychart.labels" }}
data:
  myvalue: "Hello World"
  {{- range $key, $val := .Values.favorite }}
  {{ $key }}: {{ $val | quote }}
  {{- end}}
```

リスト4.30には「define」がなく、「_helpers.tpl」に移植しましたが、変わらず変数定義にアクセスできます。出力結果も変わりません。

4.1.8.3　Templateアクションの範囲

「define」「template」アクションを扱う上で、変数のスコープについて気をつける必要があります。

次の例を見てください。リスト4.31は「define」の中で「.Chart.Name」と「.Chart.Version」が登場しています。

リスト4.31: mychart/templates/_helpers.tpl

```
{{/* Generate basic labels */}}
{{- define "mychart.labels" }}
  labels:
    generator: helm
    date: {{ now | htmlDate }}
    chart: {{ .Chart.Name }}
    version: {{ .Chart.Version }}
{{- end }}
```

リスト4.31の出力例が次になります。

```
# Source: mychart/templates/configmap.yaml
apiVersion: v1
kind: ConfigMap
metadata:
name: moldy-jaguar-configmap
labels:
generator: helm
date: 2016-11-02
chart:
```

88　　第4章　Helm Chartを自作しよう

```
version:
```

「chart」と「version」が空白で出力されました。これは「{| template "mychart.labels" |}」で展開されたときに、「.」にスコープが含まれないからです。

「{| template "mychart.labels" . |}」のように、「.」を含めることで「.」にスコープが通ります。リスト4.32が修正例です。

リスト4.32: mychart/templates/configmap.yaml

```
apiVersion: v1
kind: ConfigMap
metadata:
  name: {{ .Release.Name }}-configmap
  {{- template "mychart.labels" . }}
```

リスト4.32の出力例が次になります。

```
# Source: mychart/templates/configmap.yaml
apiVersion: v1
kind: ConfigMap
metadata:
name: plinking-anaco-configmap
labels:
generator: helm
date: 2016-11-02
chart: mychart
version: 0.1.0
```

今度は「chart: mychart」と「version: 0.1.0」が出力されました。「.」にスコープが通っているので、「.Chart」以外にも「.Values」も利用できます。

4.1.8.4 Include Function

「include」functionは「template」アクションと同じように「define」で定義した値を読み込む機能です。「template」との使い分けを次の例で見ていきましょう。

リスト4.33: mychart/templates/_helpers.tpl

```
{{- define "mychart.app" -}}
app_name: {{ .Chart.Name }}
app_version: "{{ .Chart.Version }}+{{ .Release.Time.Seconds }}"
{{- end -}}
```

リスト4.33で「app_name」と「app_version」を定義します。

リスト4.34: mychart/templates/configmap.yaml

```
apiVersion: v1
kind: ConfigMap
metadata:
  name: {{ .Release.Name }}-configmap
  labels:
    {{ template "mychart.app" .}}
data:
  myvalue: "Hello World"
  {{- range $key, $val := .Values.favorite }}
  {{ $key }}: {{ $val | quote }}
  {{- end }}
{{ template "mychart.app" . }}
```

　リスト4.34のlabelsブロックとdataブロックに「template」アクションを挿入します。2箇所の「template」のインデントが違うことに着目してください。

　リスト4.34の出力例が次になります。

```
# Source: mychart/templates/configmap.yaml
apiVersion: v1
kind: ConfigMap
metadata:
name: measly-whippet-configmap
labels:
app_name: mychart
app_version: "0.1.0+1478129847"
data:
myvalue: "Hello World"
drink: "coffee"
food: "pizza"
app_name: mychart
app_version: "0.1.0+1478129847"
```

　labelsの「app_version」とdataでの「app_name」「app_version」のインデントが効いておらず、バラバラなことに気が付いたでしょうか。なぜこうなるかというと、これは代入された「template」でテキストが左揃えになるからです。

　「template」はアクションであって関数ではないため、出力結果を他の関数に渡すことができません。単純にインラインで一行が挿入されます。

　こうした場合を回避するための代替手段として、Helmは「include」functionを提供しています。

　リスト4.34を修正するのに「include」と合わせて「nindent」functionを使います。「nindent」を使うと、指定した数字分インデントが調整されます。リスト4.35がその修正例です。

90　　第4章　Helm Chartを自作しよう

リスト4.35: mychart/templates/configmap.yaml

```
apiVersion: v1
kind: ConfigMap
metadata:
  name: {{ .Release.Name }}-configmap
  labels:
    {{- include "mychart.app" . | nindent 4 }}
data:
  myvalue: "Hello World"
  {{- range $key, $val := .Values.favorite }}
  {{ $key }}: {{ $val | quote }}
  {{- end }}
  {{- include "mychart.app" . | nindent 2 }}
```

リスト4.35の出力例が次になります。

```
# Source: mychart/templates/configmap.yaml
apiVersion: v1
kind: ConfigMap
metadata:
name: edgy-mole-configmap
labels:
app_name: mychart
app_version: "0.1.0+1478129987"
data:
myvalue: "Hello World"
drink: "coffee"
food: "pizza"
app_name: mychart
app_version: "0.1.0+1478129987"
```

　インデントが整いました。公式ドキュメントでも言及されていますが[6]、YAMLのフォーマットに合わせることができるため、「template」よりも「include」を利用した方が望ましいとされています。

　以上でチュートリアルを終了します。公式ドキュメントのチュートリアルではこの後もチュートリアルが続きますが、これまでのチュートリアルでひととおりのHelm Chartの知識が充分についたと思います。

　チュートリアルの残りが気になる方は公式ドキュメント[7]をご参照ください。

　次節から、これまで見てきた知識の集大成として自作のGoアプリケーションをHelm Chart化していきます。

6.THE INCLUDE FUNCTION https://helm.sh/docs/chart_template_guide/#the-include-function

7.The Chart Template Developer's Guide https://helm.sh/docs/chart_template_guide/#the-chart-template-developer-s-guide

第4章　Helm Chartを自作しよう　| 91

4.2 GoアプリケーションをChart化する

本節で自作のGoアプリケーションをHelm Chart化していきます。簡単なサンプルアプリをChart化し、Chartのリントやテストを実施したあとで、Chartをリポジトリーに公開して、本書でのChart開発は終了します。

4.2.1 Helm ChartのTechnical Requirements

公式GitHubのContributing Guidelines[8]にはChartに求められるTechnical Requirements[9]があります。個人開発や自社開発では必ずしも従う必要はありませんが、可能な限り参考にしましょう。

- 全てのChartの依存関係は独立していること
- `helm lint`によるリントが通っていること
- デフォルトの値で`helm install .`が成功すること
- Chartに使ったイメージのGitHubリポジトリーソースのURLを含んでいること
- イメージは重要な脆弱性を含んでいないこと
- 最新のHelm/Kuberentesの機能に準拠し最新の状態であること
- Kubernetesのベストプラクティスに準拠していること
- （可能なら）データ永続化の方法を提供すること
- アプリケーションのアップデートをサポートできること
- アプリケーションの設定変更が可能であること
- セキュアなデフォルト設定を提供すること
- Kuberentesのalpa機能を活用しないこと
- アプリケーションの使い方やインストールの仕方を説明する「NOTES.txt」があること
- Helm Chartのベストプラクティス[10]に準拠していること（特にlabelとvalue）

4.2.2 Chartを作る順番

Chartを作る際に、いきなりChartを作り始めるとKubernetesの動作確認とHelmの動作確認で思うように開発が進まない可能性があります。

そのため、先に動作確認の取れたKubernetesリソースをマニフェスト化しておくことを勧めます。このことを踏まえてChartを作る順番を考えると、次の流れになります。

1. Kubernetesマニフェストの作成・動作確認
2. マニフェストのtemplate化
3. lintやtestで静的解析と動作確認
4. Chartの公開

8.Contributing Guidelineshttps://github.com/helm/charts/blob/master/CONTRIBUTING.md

9.Technical requirements https://github.com/helm/charts/blob/master/CONTRIBUTING.md#technical-requirements

10.The Chart Best Practices Guide https://helm.sh/docs/chart_best_practices/#the-chart-best-practices-guide

4.2.3 サンプルアプリ（Happy Helming!）とマニフェスト

次のサンプルアプリとそのKubernetesマニフェストをGitHubで公開しています。今回はこの題材を元にHelm Chartを作成します。

サンプルアプリ:https://github.com/govargo/go-happyhelming

サンプルマニフェスト:https://github.com/govargo/sample-charts/blob/master/kubernetes/happyHelming.yaml

サンプルアプリはGo言語で書かれています。HTTPリクエストパスに渡された値を元に「Happy Helming, XXX!」と表示するだけのアプリです。

たとえばKubernetesにデプロイした状態で「http://<IP>:<PORT>/go_vargo」にアクセスすると、図4.2のように表示されます。

図 4.2: Happy Helming!

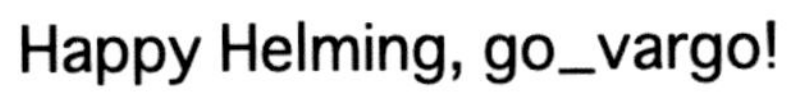

Happy Helming, go_vargo!

KubernetesマニフェストはDeployment.yamlとService.yamlを利用しています。構成図は図4.3になります。

図 4.3: Happy Helmingの構成

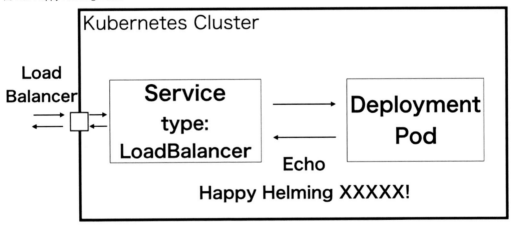

サンプルアプリを動かすためのYAMLの詳細がリスト4.36です。

リスト 4.36: happyHelming.yaml

```
## ============ Deployment ============ ##

apiVersion: apps/v1
kind: Deployment
metadata:
  name: happy-helming
```

```
    labels:
      app: happy-helming
      version: only-echo
spec:
  replicas: 1
  selector:
    matchLabels:
      app: happy-helming
      version: only-echo
  template:
    metadata:
      labels:
        app: happy-helming
        version: only-echo
    spec:
      containers:
      - name: echo-happy-helming
        image: govargo/happy-helming:only-echo
        imagePullPolicy: Always
        ports:
          - containerPort: 8080
        livenessProbe:
          tcpSocket:
            port: 8080
          initialDelaySeconds: 5
          periodSeconds: 5
        readinessProbe:
          httpGet:
            path: /
            port: 8080
          initialDelaySeconds: 5
          periodSeconds: 10
---
## =========== Service =========== ##

kind: Service
apiVersion: v1
metadata:
  name: echo-service
spec:
  type: LoadBalancer
```

```
selector:
  app: happy-helming
ports:
- protocol: TCP
  port: 80
  targetPort: 8080
```

リスト4.36を徐々にtemplate化していきます。

4.2.4　template化

template化する際は共通的に利用できる部分、頻繁に変更できる部分を考慮してtemplate化します。今回のアプリでは対象外ですが、たいていのChartではPVの有無やSecretの有無、Ingressの有無などもtemplate化の対象になることがあります。

今回はDeployment.yamlは次の部分をtemplate化します。

・metadata.name

・labelsブロック

・replicasの数

・image名とタグ

・imagePullPolicy

・livenessProbeとreadinessProbe

Service.yamlは次の部分をHelm化します。

・metadata.name

・type

・selector

・port番号

事前準備としてhelm createでChartを作成し、不要なファイルを消しておきます。NOTES.txtや_helper.tplとtestsディレクトリーは再利用するため、残しておきます。

```
# Chart作成
$ helm create happyhelm

# templatesディレクトリーのYAMLファイル削除
$ rm -rf happyhelm/templates/*.yaml

# Chartのディレクトリーを確認
$ tree happyhelm/templates/
happyhelm/templates/
├── NOTES.txt
├── _helpers.tpl
└── tests/
└── test-connection.yaml
```

```
1 directory, 3 files
```

　NOTES.txtは後半で書き換えますが、_helper.tplファイルは初期状態のまま利用します。リスト4.37のように、ChartやLabelで利用する名前のグローバルな定義を行なっています。紙幅の関係上、一部を改行していますのでご注意ください。

リスト4.37: happyhelm/templates/_helpers.tpl

```
{{/* vim: set filetype=mustache: */}}
{{/*
Expand the name of the chart.
*/}}
{{- define "happyhelm.name" -}}
{{- default .Chart.Name .Values.nameOverride | trunc 63 | trimSuffix "-" -}}
{{- end -}}


{{/*
Create a default fully qualified app name.
We truncate at 63 chars because some Kubernetes name fields are limited to
this (by the DNS naming spec).
If release name contains chart name it will be used as a full name.
*/}}
{{- define "happyhelm.fullname" -}}
{{- if .Values.fullnameOverride -}}
{{- .Values.fullnameOverride | trunc 63 | trimSuffix "-" -}}
{{- else -}}
{{- $name := default .Chart.Name .Values.nameOverride -}}
{{- if contains $name .Release.Name -}}
{{- .Release.Name | trunc 63 | trimSuffix "-" -}}
{{- else -}}
{{- printf "%s-%s" .Release.Name $name | trunc 63 | trimSuffix "-" -}}
{{- end -}}
{{- end -}}
{{- end -}}


{{/*
Create chart name and version as used by the chart label.
*/}}
{{- define "happyhelm.chart" -}}
{{- printf "%s-%s" .Chart.Name .Chart.Version | replace "+" "_" |
    trunc 63 | rimSuffix "-" -}}
{{- end -}
```

96 　第4章　Helm Chartを自作しよう

4.2.4.1 deployment.yamlのtemplate化

それではDeployment.yamlをtemplate化します。YAML内のブロックごとに、少しずつtemplate化していきます。

リスト4.38: happyhelm/templates/deployment.yaml（抜粋）

```
apiVersion: apps/v1
kind: Deployment
metadata:
  name: {{ include "happyhelm.fullname" . }}
  labels:
    app.kubernetes.io/name: {{ include "happyhelm.name" . }}
    helm.sh/chart: {{ include "happyhelm.chart" . }}
    app.kubernetes.io/instance: {{ .Release.Name }}
    app.kubernetes.io/managed-by: {{ .Release.Service }}
```

リスト4.38ではnameとlabelsをtemplate化しました。nameの「include "happyhelm.fullname" .」は「_helper.tpl」から定義を読み込んでいます。

labelsは大幅に書き換わっています。これはベストプラクティス[11]で定義されている標準的なlabelを適用したためです。

それでは次のブロックに移ります。

リスト4.39: happyhelm/templates/deployment.yaml（抜粋）

```
spec:
  replicas: {{ .Values.replicaCount }}
  selector:
    matchLabels:
      app.kubernetes.io/name: {{ include "happyhelm.name" . }}
      app.kubernetes.io/instance: {{ .Release.Name }}
  template:
    metadata:
      labels:
        app.kubernetes.io/name: {{ include "happyhelm.name" . }}
        app.kubernetes.io/instance: {{ .Release.Name }}
```

リスト4.39はreplicasetの数をvalues.yamlで変更できるようにtemplate化しました。またselectorやtemplate.metadataもリスト4.38のlabelsと一致するよう書き換えました。

次のブロックに移ります。

11.STANDARD LABELS https://helm.sh/docs/chart_best_practices/#standard-labels

第4章 Helm Chartを自作しよう | 97

リスト 4.40: happyhelm/templates/deployment.yaml（抜粋）

```
    spec:
      containers:
      - name: {{ .Chart.Name }}
        image: "{{ .Values.image.repository }}:{{ .Values.image.tag }}"
        imagePullPolicy: {{ .Values.image.pullPolicy }}
        ports:
         - containerPort: 8080
```

リスト 4.40 からは Pod の情報を template 化します。name は Chart の名前で定義しています。image は「⑂.Values.image.repository ⑂」と「⑂.Values.image.tag ⑂」でパラメータを可変にできるようにしています。また、imagePullPolicy も利用者の好みや要件で変更できるように template 化しました。

次のブロックに移ります。

リスト 4.41: happyhelm/templates/deployment.yaml（抜粋）

```
        livenessProbe:
          {{- toYaml .Values.livenessProbe | nindent 10 }}
        readinessProbe:
          {{- toYaml .Values.readinessProbe | nindent 10 }}
```

リスト 4.41 では livenessProbe と readinessProbe の設定が、かなり省略されました。「toYaml .Values.livenessProbe」と「toYaml .Values.readinessProbe」で values.yaml に記載してある定義を読み込みます。その後「nindent 10」でインデントを整え、テンプレートエンジンにより、あたかも YAML が定義されているように振る舞います。

values.yaml には次の livenessProbe と readinessProbe の定義を追加します。

リスト 4.42: happyhelm/values.yaml（抜粋）

```
livenessProbe:
  tcpSocket:
    port: 8080
  initialDelaySeconds: 5
  periodSeconds: 5

readinessProbe:
  httpGet:
    path: /
    port: 8080
  initialDelaySeconds: 5
  periodSeconds: 10
```

リスト 4.41 とリスト 4.42 を組み合わせて出力すると次の出力例になります。

```
livenessProbe:
initialDelaySeconds: 5
periodSeconds: 5
tcpSocket:
port: 8080

readinessProbe:
httpGet:
path: /
port: 8080
initialDelaySeconds: 5
periodSeconds: 10
```

　livenessProbeとreadinessProbeに改行が入っていますが、実行には問題ありません。この改行を取り除こうと「{{- toYaml .Values.livenessProbe | nindent 10 -}}」と「-}}」を付けると、次の出力例のようにreadinessProbeのインデントが不正になり、YAMLのバリデーションチェックでエラーになります。

```
livenessProbe:
initialDelaySeconds: 5
periodSeconds: 5
tcpSocket:
port: 8080
readinessProbe:
httpGet:
path: /
port: 8080
initialDelaySeconds: 5
periodSeconds: 10
```

　元のdeployment.yamlのtemplate化はこれで完了ですが、利用者の好み・要件に応じてresourcesを設定できるようにtemplateを追加します。リスト4.43のようにdeployment.yamlに追記します。

リスト4.43: happyhelm/templates/deployment.yaml（抜粋）

```
        resources:
          {{- toYaml .Values.resources | nindent 10 }}
```

　合わせてvalues.yamlは次のリスト4.44のようにresourcesを定義します。

リスト4.44: happyhelm/values.yaml（抜粋）

```
resources: {}
  # We usually recommend not to specify default resources and to leave this
  # as a conscious
  # choice for the user. This also increases chances charts run on environments
```

```
# with little
# resources, such as Minikube. If you do want to specify resources,
# uncomment the following
# lines, adjust them as necessary, and remove the curly braces
# after 'resources:'.
# limits:
#   cpu: 100m
#   memory: 128Mi
# requests:
#   cpu: 100m
#   memory: 128Mi
```

リスト4.44では「resources: ‖」が定義され、具体的な設定値はコメントアウトされています。デフォルト値ではresourceは空で設定されます。任意でコメントアウトを外し、resourcesの値を設定した場合のみ、その値がマニフェストに反映されます。

以上で、deployment.yamlのteplate化が完了しました。リスト4.45が完成系です。

リスト4.45: happyhelm/templates/deployment.yaml

```
apiVersion: apps/v1
kind: Deployment
metadata:
  name: {{ include "happyhelm.fullname" . }}
  labels:
    app.kubernetes.io/name: {{ include "happyhelm.name" . }}
    helm.sh/chart: {{ include "happyhelm.chart" . }}
    app.kubernetes.io/instance: {{ .Release.Name }}
    app.kubernetes.io/managed-by: {{ .Release.Service }}
spec:
  replicas: {{ .Values.replicaCount }}
  selector:
    matchLabels:
      app.kubernetes.io/name: {{ include "happyhelm.name" . }}
      app.kubernetes.io/instance: {{ .Release.Name }}
  template:
    metadata:
      labels:
        app.kubernetes.io/name: {{ include "happyhelm.name" . }}
        app.kubernetes.io/instance: {{ .Release.Name }}
    spec:
      containers:
      - name: {{ .Chart.Name }}
```

100 | 第4章 Helm Chartを自作しよう

```
        image: "{{ .Values.image.repository }}:{{ .Values.image.tag }}"
        imagePullPolicy: {{ .Values.image.pullPolicy }}
        ports:
         - containerPort: 8080
        livenessProbe:
          {{- toYaml .Values.livenessProbe | nindent 10 }}
        readinessProbe:
          {{- toYaml .Values.readinessProbe | nindent 10 }}
        resources:
          {{- toYaml .Values.resources | nindent 10 }}
```

Chartの体裁が整ってきました。次はservice.yamlをtemplate化します。

4.2.4.2 service.yamlのtemplate化

service.yamlもdeployment.yamlと同じようにtemplate化します。

リスト4.46: happyhelm/templates/service.yaml

```
kind: Service
apiVersion: v1
metadata:
  name: {{ include "happyhelm.fullname" . }}
  labels:
    app.kubernetes.io/name: {{ include "happyhelm.name" . }}
    helm.sh/chart: {{ include "happyhelm.chart" . }}
    app.kubernetes.io/instance: {{ .Release.Name }}
    app.kubernetes.io/managed-by: {{ .Release.Service }}
spec:
  type: {{ .Values.service.type }}
  selector:
    app.kubernetes.io/name: {{ include "happyhelm.name" . }}
    app.kubernetes.io/instance: {{ .Release.Name }}
  ports:
  - protocol: TCP
    port: {{ .Values.service.port }}
    targetPort: 8080
```

リスト4.46でlabelsとtype、selector、portをtemplate化しました。

4.2.4.3 values.yamlの作成

リスト4.47がvalues.yamlの完成系です。

第4章　Helm Chartを自作しよう | 101

リスト4.47: happyhelm/values.yaml

```
# Default values for happyhelm.
# This is a YAML-formatted file.
# Declare variables to be passed into your templates.

replicaCount: 1

image:
  repository: govargo/happy-helming
  tag: only-echo
  pullPolicy: Always

nameOverride: ""
fullnameOverride: ""

service:
  type: LoadBalancer
  port: 80

livenessProbe:
  tcpSocket:
    port: 8080
  initialDelaySeconds: 5
  periodSeconds: 5

readinessProbe:
  httpGet:
    path: /
    port: 8080
  initialDelaySeconds: 5
  periodSeconds: 10

resources:
  # We usually recommend not to specify default resources and to leave this
  # as a conscious
  # choice for the user. This also increases chances charts run on environments
  # with little
  # resources, such as Minikube. If you do want to specify resources,
  # uncomment the following
  # lines, adjust them as necessary, and remove the curly braces
  # after 'resources:'.
```

102 第4章 Helm Chartを自作しよう

```
  # limits:
  #   cpu: 100m
  #   memory: 128Mi
  # requests:
  #   cpu: 100m
  #   memory: 128Mi
```

4.2.4.4　NOTES.txtの編集

　templatesとvalues.yamlの編集が終わり、次はインストールの手引きを記すNOTES.txtを編集します。NOTES.txtにもtemplate化やpipeline、functionが利用できます。紙幅の関係上、リスト4.48はバックスラッシュで区切っていますが、実際のファイルでは利用していません。

リスト4.48: happyhelm/templates/NOTES.txt

```
1. Get the application URL by running these commands:
{{- if contains "NodePort" .Values.service.type }}
  export NODE_PORT=$(kubectl get --namespace {{ .Release.Namespace }} \
    -o jsonpath="{.spec.ports[0].nodePort}" services \
      {{ include "happyhelm.fullname" . }})
  export NODE_IP=$(kubectl get nodes --namespace {{ .Release.Namespace }} \
    -o jsonpath="{.items[0].status.addresses[0].address}")
  curl http://$NODE_IP:$NODE_PORT
{{- else if contains "LoadBalancer" .Values.service.type }}
    NOTE: It may take a few minutes for the LoadBalancer IP to be available.
          You can watch the status of by running 'kubectl get \
          --namespace {{ .Release.Namespace }} svc -w \
          {{ include "happyhelm.fullname" . }}'
  export SERVICE_IP=$(kubectl get svc --namespace {{ .Release.Namespace }} \
    {{ include "happyhelm.fullname" . }} \
    -o jsonpath='{.status.loadBalancer.ingress[0].ip}')
  curl http://$SERVICE_IP:{{ .Values.service.port }}
{{- else if contains "ClusterIP" .Values.service.type }}
  "Use NodePort or LoadBalancer to access your application"
{{- end }}
```

　リスト4.48はHappy Helmingアプリケーションにアクセスするための方法を表示します。Serviceのtypeにifで条件分岐することで、表示する文言を制御しています。

　NodePortとLoadBalancerの場合は、アプリケーションへのアクセスの仕方を表示し、ClusterIPの場合はNodePortとLoadBalancerを利用するように文言を表示します。

第4章　Helm Chartを自作しよう　　103

4.2.5　helm lintによる静的解析

helm lintで構文チェックや推奨構成を満たしているかを確認します。

```
$ helm lint happyhelm/
==> Linting happyhelm/
[INFO] Chart.yaml: icon is recommended

1 chart(s) linted, no failures
```

「icon is recommended」とアイコンを推奨するコメントがありますが、INFOレベルのため今回は対応しません。「no failures」なので構文的な問題がないことが確認できました。

4.2.6　helm testによるテスト

　構文チェックが終わった後はテストを動かしましょう。helm testでReleaseが期待通りに動いているかチェックできます。

　helm testはtemplates/test配下のYAMLファイルを実行します。コンテナが正常に終了する（exit 0）と成功になります。

　テスト用のYAMLには、annotationに「helm.sh/hook: test-success」か「helm.sh/hook: test-failure」がある必要があります。「test-success」はコンテナが正常終了するとテストが成功し、「test-failure」はコンテナが異常終了するとテストが成功します。

　リスト4.49はHappy HelmingアプリをテストするためのYAMLファイルです。紙幅の関係上、argsに改行を入れていますが、実際のファイルでは利用していません。

リスト4.49: happyhelm/templates/tests/test-connection.yaml

```yaml
apiVersion: v1
kind: Pod
metadata:
  name: "{{ include "happyhelm.fullname" . }}-test-connection"
  labels:
    app.kubernetes.io/name: {{ include "happyhelm.name" . }}
    helm.sh/chart: {{ include "happyhelm.chart" . }}
    app.kubernetes.io/instance: {{ .Release.Name }}
    app.kubernetes.io/managed-by: {{ .Release.Service }}
  annotations:
    "helm.sh/hook": test-success
spec:
  containers:
    - name: curl
      image: appropriate/curl
      command: ['curl']
```

104　第4章　Helm Chartを自作しよう

```
    args: ['http://{{ include "happyhelm.fullname" . }}:
          {{ .Values.service.port }}']
restartPolicy: Never
```

リスト4.49はHappy Helmingアプリに対してcurlでGETリクエストを送ります。curlが正常終了すればテスト成功です。実際に試しましょう。テストを実行するには、事前にhelm installでReleaseを作成して、helm testで指定する必要があります。

```
# Chartをインストールし、Release「happyhelm」を作成
$ helm install --name happyhelm happyhelm/
NAME: happyhelm
LAST DEPLOYED: Sat Mar 30 21:02:43 2019
NAMESPACE: default
STATUS: DEPLOYED

RESOURCES:
==> v1/Deployment
NAME READY UP-TO-DATE AVAILABLE AGE
happyhelm 0/1 1 0 1s

==> v1/Pod(related)
NAME READY STATUS RESTARTS AGE
happyhelm-6d6584767d-k866k 0/1 ContainerCreating 0 1s

==> v1/Service
NAME TYPE CLUSTER-IP EXTERNAL-IP PORT(S) AGE
happyhelm LoadBalancer 10.110.105.124 34.80.236.56 80:30656/TCP 1s


NOTES:
1. Get the application URL by running these commands:
NOTE: It may take a few minutes for the LoadBalancer IP to be available.
You can watch the status of by running 'kubectl get \
--namespace default svc -w happyhelm'
export SERVICE_IP=$(kubectl get svc --namespace default happyhelm \
-o jsonpath='{.status.loadBalancer.ingress[0].ip}')
curl http://$SERVICE_IP:80
```

helm testコマンドでテストを実行します。

```
# Releaseを指定してテストを実行
$ helm test happyhelm
RUNNING: happyhelm-test-connection
PASSED: happyhelm-test-connection
```

「PASSED: happyhelm-test-connection」と表示され、テストが成功しました。

第4章　Helm Chartを自作しよう　105

4.2.7 Chartのパッケージ

構文チェックとテストも終わったため、Chartを公開用にtarボールに固めます。公開に際し、Chartの情報をまとめるChart.yamlを編集します。

リスト4.50: happyhelm/Chart.yaml

```
apiVersion: v1
name: happyhelm
version: 1.0.0
appVersion: 1.0.0
description: Echo Happy Helming.
sources:
  - https://github.com/govargo/go-happyhelming
maintainers:
  - name: go_vargo
engine: gotpl
```

リスト4.50ではChartのバージョン・アプリのバージョン・説明・ソースの情報などを記載します。Chart.yamlとは別にREADME.mdも用意しましょう。READ.mdに記載すべき情報はChartのインストールコマンドやパラメータの説明などです。本書では全文を載せませんので、サンプルコードのリポジトリで例[12]をご参照ください。

Chartの情報を更新したら、`helm package`コマンドでChartをtarボールに固めます。

```
$ helm package happyhelm/
Successfully packaged chart and saved it to: /Users/XXXX/charts/happyhelm-1.0.0.
tgz
```

「happyhelm-1.0.0.tgz」ファイルが作成されました。次にChartの目録になる「index.yaml」を作成します。--urlでChartリポジトリをつけることで、Chartリポジトリをindex.yamlに指定できます。Chartリポジトリの作成については次節で触れます。

```
# --urlは実際の値に読み替えてください
$ helm repo index ./ --url https://govargo.github.io/charts-repository/
```

作成されたindex.yamlがリスト4.51になります。

12.README.mdhttps://github.com/govargo/sample-charts/blob/master/charts/happyhelm/README.md

106 　第4章　Helm Chartを自作しよう

リスト4.51: index.yaml

```
apiVersion: v1
entries:
  happyhelm:
  - apiVersion: v1
    appVersion: 1.0.0
    created: 2019-03-31T00:09:11.642408+09:00
    description: Echo Happy Helming.
    digest: bb6e83d148acc3758fff1f0b8f73e348bf467692ead6afd9d67612a2e9ffb9e0
    engine: gotpl
    maintainers:
    - name: go_vargo
    name: happyhelm
    sources:
    - https://github.com/govargo/go-happyhelming
    urls:
    - https://govargo.github.io/charts-repository/happyhelm-1.0.0.tgz
    version: 1.0.0
generated: 2019-03-31T00:09:11.640693+09:00
```

リスト4.51ではChartの情報やChartへのリンク、digest値が記録されています。今回はHappyHelm Chartのみですが、複数のChartがリポジトリーに存在する場合は一覧に列挙されます。

Provenanceファイルを用意して、署名されたファイルの完全性を検証する方法もありますが、本書では省略します。詳しくはhttps://helm.sh/docs/provenance/#helm-provenance-and-integrity をご参照ください。

4.2.8　Chartリポジトリーへの公開

ChartリポジトリーはHTTPまたはHTTPSでアクセスできるWebサーバーである必要があります。逆にいえば必要条件はそれくらいなので、複数の実現の選択肢があります。

パブリッククラウドのStorageサービスを使う選択肢もありますし、Helmでインストール可能な OSS「ChartMuseum」[13]を利用することもできます。

本書ではGitHubのホスティングサービスであるGitHub Pagesを利用してChartを公開します。

GitHub Pagesは事前にリポジトリーを作成し、図4.4のようにリポジトリーのSettingよりSource の設定を行います。この時に表示されるURLがChartリポジトリーのベースURLになります。

13.ChartMuseumhttps://chartmuseum.com/

図 4.4: GitHub の設定

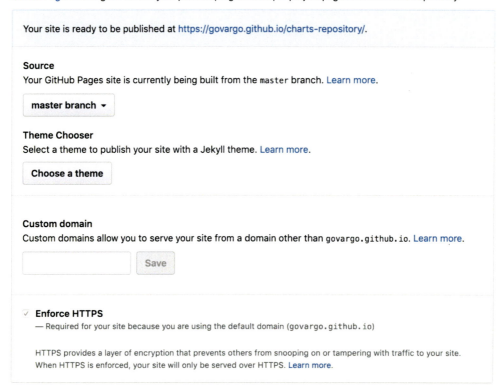

　設定が完了したら master ブランチに作成した「index.yaml」と「happyhelm-1.0.0.tgz」を配置します。

図 4.5: GitHub の設定

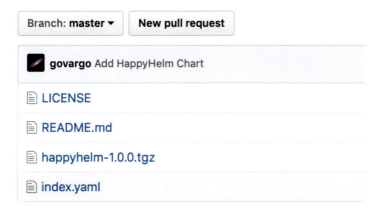

これでChartリポジトリーの完成です。HelmClient側にリポジトリーの情報をhelm repoコマンドで追加します。もし、Chartリポジトリーとして利用しているHTTPSサーバーがBasic認証を使っている場合は、--username、--passwordを利用します。

```
# GitHub上のChartリポジトリーを追加
$ helm repo add govargo https://govargo.github.io/charts-repository
"govargo" has been added to your repositories

# リポジトリー情報の更新
$ helm repo update
Hang tight while we grab the latest from your chart repositories...
...Skip local chart repository
...Successfully got an update from the "govargo" chart repository
...Successfully got an update from the "incubator" chart repository
...Successfully got an update from the "stable" chart repository
Update Complete. Happy Helming!

# Happy Helming Chartが存在するか確認
$ helm search govargo
NAME CHART VERSION APP VERSION DESCRIPTION
govargo/happyhelm 1.0.0 1.0.0 Echo Happy Helming.
```

「govargo/happyhelm」がChartリポジトリーに登録されていることが確認できました。helm fetchやhelm installコマンドも利用できるようになりました。

本章の最後に、作成したChartをインストールしてみましょう。

```
$ helm install --name happyhelm govargo/happyhelm
NAME: happyhelm
LAST DEPLOYED: Tue Apr 2 01:41:36 2019
NAMESPACE: default
STATUS: DEPLOYED

RESOURCES:
（省略）

NOTES:
1. Get the application URL by running these commands:
NOTE: It may take a few minutes for the LoadBalancer IP to be available.
You can watch the status of by running 'kubectl get \
--namespace default svc -w happyhelm'
export SERVICE_IP=$(kubectl get svc --namespace default happyhelm \
-o jsonpath='{.status.loadBalancer.ingress[0].ip}')
curl http://$SERVICE_IP:80
```

NOTESの指示にしたがってアクセスをすると、「Happy Helming XXXXX!」と表示されます。以上で、自作アプリケーションのChartの作成が完了しました。

第4章 Helm Chartを自作しよう | 109

第5章「Helm Chartを発展させよう」では本章で作成したChartに対して、SubChartを追加することで内容を発展させていきます。

第5章　Helm Chartを発展させよう

本章では、第4章「Helm Chartを自作しよう」で作成したHelm ChartをSubChartsを用いて、これを発展させます。SubChartsの仕組みを用いて、Helmの利点であるChartの再利用を実現します。

5.1　SubChartsとは

第4章「Helm Chartを自作しよう」ではGoアプリケーションひとつのみを管理するChartを作成しました。定義次第では、ひとつのChartの中で複数のソフトウェアを管理することもできます。また、あるChartの中に別のChartsを含ませて、そのChartsを利用することもできます。こういったChart間で依存関係を持たせる仕組みを「SubCharts」と呼びます。本書では、大元となるChartを親Chart、親Chartが利用する依存関係にあるChartsのことをSubChartsと呼びます。

5.2　Happy Helming ChartをSubChart化する

Happy Helming Chartは図5.1の構成でした。

図5.1: Happy Helmingの構成（更新前）

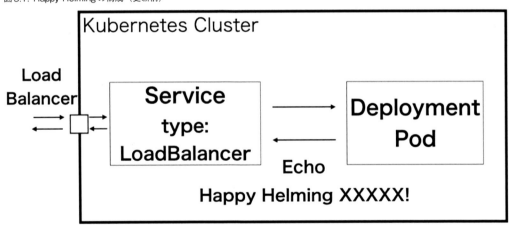

SubChartを利用するにあたって、L7プロキシであるEnvoy[1]をSubChartとして組込み、構成を図5.2に変更します。

1.Envoyhttps://www.envoyproxy.io/

図5.2: Happy Helmingの構成（更新後）

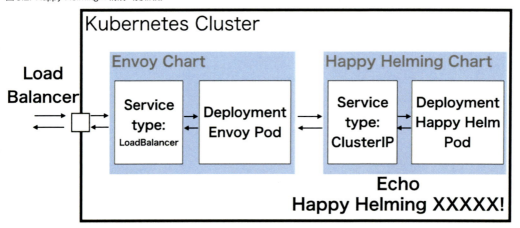

図5.1の段階ではLoadBalancerを立てて、Serviceリソース経由で直接Happy Helming Podにアクセスしていました。

図5.2では、Envoy Chart[2]をSubChartsとして加えます。

EnvoyのServiceリソースとしてLoadBalancerを立て、Envoyがリクエストを受け取ります。Envoyはリクエストを受け取ると、後ろに控えているHappy HelmingのServiceリソースに対してリクエストをプロキシします。プロキシされたリクエストを受けたHappy Helming Podはリクエストを返し、Envoyが再びクライアントまでリクエストを返します。

このように、図5.2は図5.1に一段リバースプロキシを間に入れた構成になっています。

5.2.1 Chartの依存関係

SubChartとして扱うEnvoy ChartはStable版のEnvoy Chart[3]を利用します。

Helmでは、依存関係を扱うための仕組みが標準で組み込まれています。それが「requirements.yaml」です。

「requirements.yaml」には依存するChartの名前やバージョン、Chartリポジトリーの情報を記載します。今回のEnvoy Chartを利用する例では リスト5.1のように記述します。利用するChartリポジトリーは公式リポジトリーを、Chartバージョンは1.5.0を指定します。

リスト5.1: happyhelm/requirements.yaml

```
dependencies:
  - name: envoy
    version: 1.5.0
    repository: https://kubernetes-charts.storage.googleapis.com
```

requirements.yamlが存在するディレクトリーに移動し、`helm dependency update`を実行する

2.stable/envoy Charthttps://github.com/helm/charts/tree/master/stable/envoy
3.stable/envoy Charthttps://github.com/helm/charts/tree/master/stable/envoy

と、依存対象のSubChartがchartsディレクトリー配下にダウンロードされます。

```
$ helm dependency update
Hang tight while we grab the latest from your chart repositories...
...Successfully got an update from the "govargo" chart repository
...Successfully got an update from the "incubator" chart repository
...Successfully got an update from the "stable" chart repository
Update Complete. Happy Helming!
Saving 1 charts
Downloading envoy from repo https://kubernetes-charts.storage.googleapis.com
Deleting outdated charts
```

依存関係を更新した後のChartのディレクトリーの構成はリスト5.2のようになります。

リスト5.2: 更新後のChartのディレクトリー構成

```
happyhelm/
├── Chart.yaml
├── README.md
├── charts/
│   └── envoy-1.5.0.tgz
├── requirements.lock
├── requirements.yaml
├── templates/
│   ├── NOTES.txt
│   ├── _helpers.tpl
│   ├── deployment.yaml
│   ├── service.yaml
│   └── tests/
│       └── test-connection.yaml
└── values.yaml

3 directories, 11 files
```

charts配下にenvoy-1.5.0.tgzが配置され、「requirements.lock」ファイルも追加されたことが確認できます。

「requirements.lock」ファイルは次のリスト5.3のように、SubChartの情報を保持しています。

リスト5.3: happyhelm/requirements.yaml

```
dependencies:
- name: envoy
  repository: https://kubernetes-charts.storage.googleapis.com
  version: 1.5.0
digest: sha256:b2735c88540ed18a50f6ab0773a6a154e6cb3748c91cbe8902f29e6149fd00cb
```

第5章　Helm Chartを発展させよう　113

```
generated: 2019-04-30T21:20:34.546244+09:00
```

5.2.2　values.yamlでSubChartの挙動を定義する

　SubChartsとして、Envoy Chartを取り込みました。Happy Helming用にEnvoyの設定を行なっていきます。

　これまでのChartの挙動を変える際には、Chart内のvalues.yamlを編集してきました。しかし、Envoy Chartはtarボールとして固まっています。では、どのようにしてEnvoy Chartの定義をすればよいのでしょうか。

　答えは、親ChartであるHappy Helming Chartのvalues.yamlで定義を行います。親Chartのvalues.yamlでリスト5.4のように、SubChartの名前をトップレベルに置くことでSubChartのvaluesを定義することができます。

リスト5.4: happyhelm/values.yaml

```
envoy:
  replicaCount: 1
... （省略）
```

　それでは、happyhelm/values.yamlを編集していきます。まずは、Envoy Chartのvaluesの前に、Happy Helming自体の変更点を修正します。

　図5.1から図5.2に変更したため、リスト5.5のようにServiceリソースのタイプをLoadBalancerからClusterIPに変更します。

　values.yamlのうち「-」の箇所がデフォルト値で、「+」の箇所が変更箇所です。

リスト5.5: happyhelm/values.yaml

```
（省略）
service:
-   type: LoadBalancer
+   type: ClusterIP
    port: 80
（省略）
```

　ClusterIPに変更したことで、Kubernetesクラスター外部から直接通信を受け付けることができなくなりました。クラスター内からの通信だけを受け付ける状態になりました。

　続けて、Envoy Chart用の定義を続けていきます。リスト5.4で説明したように、values.yamlのトップレベルに「envoy」としてSubCharts用の値を定義します。SubChartsだと分かりやすいようにコメントを付けた上で、values.yamlの最下部に追加していきます。

　Envoy Chart自体のデフォルト値はenvoy-1.5.0.tgzの中に定義されています。デフォルト値から値を変更したい箇所だけ、values.yamlに定義を追記します。

114　　第5章　Helm Chartを発展させよう

Envoy Chartのvalues.yamlは200行を越えるため、本書では掲載しませんが、全文は次のリンクでご確認ください。

https://github.com/helm/charts/blob/master/stable/envoy/values.yaml

values.yamlの追記箇所を抜粋して説明していきます。

リスト5.6はEnvoyのServiceリソースの定義です。

リスト5.6: happyhelm/values.yaml

```
（省略）
# Envoy SubCharts Values
envoy:
  service:
-     type: ClusterIP
+     type: LoadBalancer
```

図5.2で示したとおり、クライアントからのリクエストをEnvoy用のLoadBalancerから受け付けます。そのため、リスト5.6でLoadBalancerを定義しています。

続いて、プロキシとしてのEnvoy自体の設定を行います。Envoyの設定はenvoy.yamlという設定ファイルに記載します。stable/envoyのvalues.yamlにはenvoy.yaml用のセクションがあり、デフォルトのenvoy.yamlが定義されています。

デフォルトのenvoy.yamlではGoogle検索画面へリダイレクトするように設定されています。

今回は、クライアントから受けたリクエストをEnvoyからHappy HelmingのService（ClusterIP）リソースへとリダイレクトさせる必要があります。

KubernetesのService（ClusterIP）リソースを作成すると、クラスター内部リソースで利用できる内部ドメインが払い出されます。たとえば「happyhelm」という名前でClusterIPのServiceを作ると、「happyhelm.<namespace>.svc.cluster.local」という名前のドメインが払い出されます。名前空間が「default」の場合は「happyhelm.default.svc.cluster.local」というドメインになります。

Kubernetesには内部DNSがあり、Service名だけを指定しても名前解決が可能です。そのため「happyhelm」というService名なら、Envoyに「happyhelm」というホスト名を指定するだけでリクエストをプロキシすることが可能になります。

それでは、envoy.yamlを定義します。envoy.filesという箇所にenvoy.yamlを定義します。リスト5.7がenvoy.yamlを定義したvalues.yamlになります。

リスト5.7: happyhelm/values.yaml

```
（省略）
envoy:
  service:
    type: LoadBalancer

  files:
    envoy.yaml: |-
```

第5章　Helm Chartを発展させよう　｜　115

```yaml
admin:
  access_log_path: /dev/stdout
  address:
    socket_address:
      address: 0.0.0.0
      port_value: 9901

static_resources:
  listeners:
  - name: listener_0
    address:
      socket_address:
        address: 0.0.0.0
        port_value: 10000
    filter_chains:
    - filters:
      - name: envoy.http_connection_manager
        config:
          access_log:
          - name: envoy.file_access_log
            config:
              path: /dev/stdout
          stat_prefix: ingress_http
          route_config:
            name: local_route
            virtual_hosts:
            - name: local_service
              domains: ["*"]
              routes:
              - match:
                  prefix: "/"
                route:
                  host_rewrite: happyhelm
                  cluster: service_happyhelm
          http_filters:
          - name: envoy.router
  clusters:
  - name: service_happyhelm
    connect_timeout: 0.25s
    type: LOGICAL_DNS
    dns_lookup_family: V4_ONLY
```

```
        lb_policy: ROUND_ROBIN
        hosts:
          - socket_address:
              address: happyhelm
              port_value: 80
```

　本書では、envoy.yamlの詳しい説明は行いませんが、重要な箇所のみ説明します。Envoyの詳細な設定については公式ドキュメント[4]をご確認ください。

　リスト5.7のenvoy.yamlのうち、static_resources.listeners.address.socket_addressがEnvoyのリッスン用の設定です。「address: 0.0.0.0」と「port_value: 10000」を設定しているため、あらゆるホストからのリクエストを10000番ポートでリッスンしています。

　また、リスト5.7の中頃にあるhost_rewriteの定義は、リクエスト転送中のHost Headerを指定した値で置き換えます。リスト5.7では「happyhelm」を指定します。clusterの定義は、どのcluster名かを指定しています。

　clusterとは、Envoyが転移させるリダイレクト先の定義です。envoy.yamlの最下部のclustersで「service_happyhelm」を定義しているため、そちらを指定します。

　clusterの最下部でhostsとして「address」と「port_value」を定義します。このふたつの組み合わせがEnvoyのプロキシする先を決定します。「address」が転移先のホスト名を、「port_value」が転移先のポート番号を定義します。リスト5.7では「address: happyhelm」と「port_value: 80」を定義します。

　これでEnvoyの定義が完了になりますが、このままではひとつ問題があります。Envoyの転送先としてService名「happyhelm」を指定していますが、templatesにあるリスト5.8でのService名の定義は「{{ include "happyhelm.fullname" . }}」となっています。

リスト5.8: happyhelm/templates/service.yaml

```
kind: Service
apiVersion: v1
metadata:
  name: {{ include "happyhelm.fullname" . }}
  labels:
  （省略）
```

　第3章「Helmでアプリケーションをデプロイ」で見てきたように、helm installを実行する際に--nameは指定しても省略しても問題なく動きます（省略するとnameはランダムな名前になります）。しかし「happyhelm.fullname」は実行のたびに変わる可能性があり、必ずしも「happyhelm」になるとは限りません。

　そこで、Serviceの名前もvalues.yamlで指定できるようにHappy Helming Chartを修正します。

4.Envoy Configurationhttps://www.envoyproxy.io/docs/envoy/latest/configuration/configuration

リスト5.9でservice.nameの定義をvalues.yamlに追加します。

リスト5.9: happyhelm/values.yaml

```
（省略）
service:
+   name: happyhelm
    type: ClusterIP
    port: 80
（省略）
```

リスト5.9のenvoy.yamlで定義した転移先と同じホスト名をservice.nameとして定義します。
合わせて、templates/service.yamlの定義も修正します。

リスト5.10: happyhelm/templates/service.yaml

```
kind: Service
apiVersion: v1
metadata:
-   name: {{ include "happyhelm.fullname" . }}
+   name: {{ .Values.service.name }}
    labels:
（省略）
```

リスト5.10の定義をすることで、values.yamlで指定した名前でService名を固定できました。こ
れでEnvoyの設定とその遷移先の設定が完了しました。

5.2.3 NOTES.txtの編集

templatesやvalues.yamlの編集が完了しましたが、SubChartsとしてEnvoyを加えたため、ソフ
トウェアの使い方を記載するNOTES.txtも合わせて編集します。

編集前のNOTES.txtの定義はリスト5.11でした。紙幅の関係上、リスト5.11はバックスラッシュ
で区切っていますが、実際のファイルでは利用していません。

リスト5.11: happyhelm/templates/NOTES.txt

```
1. Get the application URL by running these commands:
{{- if contains "NodePort" .Values.service.type }}
  export NODE_PORT=$(kubectl get --namespace {{ .Release.Namespace }} \
    -o jsonpath="{.spec.ports[0].nodePort}" services \
      {{ include "happyhelm.fullname" . }})
  export NODE_IP=$(kubectl get nodes --namespace {{ .Release.Namespace }} \
    -o jsonpath="{.items[0].status.addresses[0].address}")
  curl http://$NODE_IP:$NODE_PORT
{{- else if contains "LoadBalancer" .Values.service.type }}
```

第5章　Helm Chartを発展させよう

```
      NOTE: It may take a few minutes for the LoadBalancer IP to be available.
            You can watch the status of by running 'kubectl get \
            --namespace {{ .Release.Namespace }} svc -w \
            {{ include "happyhelm.fullname" . }}'
    export SERVICE_IP=$(kubectl get svc --namespace {{ .Release.Namespace }} \
      {{ include "happyhelm.fullname" . }} \
      -o jsonpath='{.status.loadBalancer.ingress[0].ip}')
    curl http://$SERVICE_IP:{{ .Values.service.port }}
{{- else if contains "ClusterIP" .Values.service.type }}
  "Use NodePort or LoadBalancer to access your application"
{{- end }}
```

リスト5.11では、if/elseを使って「.Values.service.type」の定義によって表示文言を変えています。本章の修正でクライアントがアクセスする対象をEnvoyに変えたため、if/elseの条件判定の対象もEnvoyのServiceリソースに変更します。

変更後のNOTES.txtがリスト5.12です。紙幅の関係上、リスト5.12はバックスラッシュで区切っていますが、実際のファイルでは利用していません。

リスト5.12: happyhelm/templates/NOTES.txt

```
1. Get the application URL by running these commands:
{{- if contains "NodePort" .Values.envoy.service.type }}
  export NODE_PORT=$(kubectl get --namespace {{ .Release.Namespace }} \
    -o jsonpath="{.spec.ports[0].nodePort}" services \
      {{ .Values.envoy.service.name }})
  export NODE_IP=$(kubectl get nodes --namespace {{ .Release.Namespace }} \
    -o jsonpath="{.items[0].status.addresses[0].address}")
  curl http://$NODE_IP:$NODE_PORT
{{- else if contains "LoadBalancer" .Values.envoy.service.type }}
    NOTE: It may take a few minutes for the LoadBalancer IP to be available.
          You can watch the status of by running 'kubectl get \
          --namespace {{ .Release.Namespace }} svc -w \
          {{ .Values.envoy.service.name }}'
  export SERVICE_IP=$(kubectl get svc --namespace {{ .Release.Namespace }} \
    {{ .Values.envoy.service.name }} \
    -o jsonpath='{.status.loadBalancer.ingress[0].ip}')
  curl http://$SERVICE_IP:{{ Values.envoy.service.ports.n0.port }}
{{- else if contains "ClusterIP" .Values.envoy.service.type }}
  "Use NodePort or LoadBalancer to access your envoy proxy"
{{- end }}
```

リスト5.12はEnvoyプロキシにアクセスするための方法を表示します。EnvoyのServiceのtype

第5章　Helm Chartを発展させよう　119

で条件分岐することで、表示する文言を制御しています。

NodePortとLoadBalancerの場合は、アプリケーションへのアクセスの仕方を表示し、ClusterIP
の場合はNodePortとLoadBalancerを利用するように文言を表示します。

5.2.4　helm lintによる静的解析

NOTES.txtの編集も終わり、`helm lint`で構文チェックや推奨構成を満たしているかを確認します。

```
$ helm lint happyhelm/
==> Linting happyhelm/
[INFO] Chart.yaml: icon is recommended

1 chart(s) linted, no failures
```

「icon is recommended」とアイコンを推奨するコメントがありますが、INFOレベルのため今回
は対応しません。「no failures」なので構文的な問題がないことが確認できました。

5.2.5　helm testによるテスト

構文チェックが終わった後はテストを動かします。

テストを動かす前に、テストの内容もEnvoy用に変更をします。リスト5.13は変更前のテストファ
イルです。紙幅の関係上、argsに改行を入れていますが、実際のファイルでは利用していません。

リスト5.13: happyhelm/templates/tests/test-connection.yaml

```
apiVersion: v1
kind: Pod
metadata:
  name: "{{ include "happyhelm.fullname" . }}-test-connection"
  labels:
    app.kubernetes.io/name: {{ include "happyhelm.name" . }}
    helm.sh/chart: {{ include "happyhelm.chart" . }}
    app.kubernetes.io/instance: {{ .Release.Name }}
    app.kubernetes.io/managed-by: {{ .Release.Service }}
  annotations:
    "helm.sh/hook": test-success
spec:
  containers:
    - name: curl
      image: appropriate/curl
      command: ['curl']
      args:  ['http://{{ include "happyhelm.fullname" . }}:
```

120　第5章　Helm Chartを発展させよう

```
            {{ .Values.service.port }}']
  restartPolicy: Never
```

　リスト5.13ではHappy HelmingのServiceリソースに対してCurlによる疎通確認をしていました。これをEnvoyに対してCurlするように変更し、HTTPステータスが正常に返ってくるかどうかを確認します。

　リスト5.14が変更後のファイルです。紙幅の関係上、argsに改行を入れていますが、実際のファイルでは利用していません。

リスト5.14: happyhelm/templates/tests/test-connection.yaml

```
apiVersion: v1
kind: Pod
metadata:
  name: "{{ include "happyhelm.fullname" . }}-test-connection"
  labels:
    app.kubernetes.io/name: {{ include "happyhelm.name" . }}
    helm.sh/chart: {{ include "happyhelm.chart" . }}
    app.kubernetes.io/instance: {{ .Release.Name }}
    app.kubernetes.io/managed-by: {{ .Release.Service }}
  annotations:
    "helm.sh/hook": test-success
spec:
  containers:
    - name: curl
      image: appropriate/curl
      command: ['curl']
      args: ['http://{{ .Values.envoy.service.name }}:
              {{ .Values.envoy.service.ports.n0.port }}']
  restartPolicy: Never
```

　リスト5.14でEnvoyプロキシに対してcurlでGETリクエストを送ります。curlが正常終了すればテスト成功です。

　実際に試しましょう。テストを実行するには、事前に`helm install`でReleaseを作成して、`helm test`で指定する必要があります。

```
# Chartをインストールし、Release「happyhelm」を作成
$ helm install --name happyhelm happyhelm/
NAME: happyhelm
LAST DEPLOYED: Wed May 1 02:25:44 2019
NAMESPACE: default
STATUS: DEPLOYED
```

第5章　Helm Chartを発展させよう　　121

（省略）

`helm test`コマンドでテストを実行します。

```
# Releaseを指定してテストを実行
$ helm test happyhelm
RUNNING: happyhelm-test-connection
PASSED: happyhelm-test-connection
```

「PASSED: happyhelm-test-connection」と表示され、テストが成功しました。

Hooks

　本書では利用していませんでしたが、HelmにはHooksと呼ばれる機能があります。テスト用のYAMLファイルのアノテーションに記載してある「helm.sh/hook」もその機能のうちのひとつです。Hooksを利用することで、Releaseのライフサイクルにおいて特定の処理を実施することができます。たとえば、次のようなケースで役立つでしょう。

・Chartがインストールされる前に、ConfigMapやSecretを作成する
・Chartを新しくインストールする前にデータベースのバックアップ用のジョブを実行する
・Releaseを削除する前にジョブを実行して、安全にサービスを終了させる
　ReleaseのCRUD前後に任意の処理を挟むことができます。
　Hooksの詳細について知りたい方は、https://helm.sh/docs/charts_hooks/#hooks をご参照ください。

5.2.6　Chartのパッケージ

　構文チェックとテストも終わったため、Chartを公開用にtarボールに固めます。公開に際し、Chartの情報をまとめるChart.yamlを編集します。リスト5.15は変更前のChart.yamlです。

リスト5.15: happyhelm/Chart.yaml

```
apiVersion: v1
name: happyhelm
version: 1.0.0
appVersion: 1.0.0
description: Echo Happy Helming.
sources:
  - https://github.com/govargo/go-happyhelming
maintainers:
  - name: go_vargo
engine: gotpl
```

　リスト5.15ではChartのバージョンである「version」と、アプリケーションのバージョンである「appVersion」に1.0.0を指定しています。本章の修正ではアプリケーション自体には変更を加えてい

122　　第5章　Helm Chartを発展させよう

ないため、「appVersion」は変更しません。Chart に関しては SubChart を追加したため、「version」を更新します。リスト 5.16 が更新後のファイルです。

リスト 5.16: happyhelm/Chart.yaml

```
apiVersion: v1
name: happyhelm
version: 1.1.0
appVersion: 1.0.0
description: Echo Happy Helming(via Envoy Proxy).
sources:
  - https://github.com/govargo/go-happyhelming
maintainers:
  - name: go_vargo
engine: gotpl
```

リスト 5.16 で「version」を 1.1.0 にバージョンアップしました。また変更内容が分かりやすいように、description も更新しています。

Chart.yaml とは別に README.md も更新しましょう。READ.md に記載すべき情報は Chart のインストールコマンドやパラメータの説明なので、SubChart 用に追加したパラメータを追記します。本書では全文を載せませんので、サンプルコードのリポジトリで例[5]をご参照ください。

Chart の情報を更新したら、`helm package` コマンドで Chart を tar ボールに固めます。

```
$ helm package happyhelm/
Successfully packaged chart and saved it to: /Users/XXXX/charts/happyhelm-1.1.0.tgz
```

「happyhelm-1.1.0.tgz」ファイルが作成されました。

5.2.7　Chart リポジトリーの更新

次に Chart の目録になる「index.yaml」を更新します。「index.yaml」を更新するために、作成した happyhelm-1.1.0.tgz を Chart リポジトリーに配置します。

リスト 5.17 が配置後の Chart リポジトリーのディレクトリー構成です。

リスト 5.17: Chart リポジトリーのディレクトリー構成

```
charts-repository/
├── LICENSE
├── README.md
├── happyhelm-1.0.0.tgz
├── happyhelm-1.1.0.tgz
```

5.README.mdhttps://github.com/govargo/sample-charts/blob/master/charts/happyhelm/README.md

```
└── index.yaml
```

リスト5.17でtarボールのChartを配置したら、目録であるindex.yamlを更新します。index.yaml
を更新するには`helm repo index`を実行します。

```
# --urlは実際の値に読み替えてください
$ helm repo index ./ --url https://govargo.github.io/charts-repository/
```

更新されたindex.yamlがリスト5.18になります。

リスト5.18: index.yaml

```
apiVersion: v1
entries:
  happyhelm:
  - apiVersion: v1
    appVersion: 1.0.0
    created: 2019-05-01T04:57:53.75074+09:00
    description: Echo Happy Helming(via Envoy Proxy).
    digest: 607b1f216171c789b9d5b5405e42a6f12b80d70502c850941acb65fce1e4b95e
    engine: gotpl
    maintainers:
    - name: go_vargo
    name: happyhelm
    sources:
    - https://github.com/govargo/go-happyhelming
    urls:
    - https://govargo.github.io/charts-repository/happyhelm-1.1.0.tgz
    version: 1.1.0
  - apiVersion: v1
    appVersion: 1.0.0
    created: 2019-05-01T04:57:53.749391+09:00
    description: Echo Happy Helming.
    digest: 37b986910a6a91152ab8447b70388443e4cc7736bb28d7523abb5915361ec8a2
    engine: gotpl
    maintainers:
    - name: go_vargo
    name: happyhelm
    sources:
    - https://github.com/govargo/go-happyhelming
    urls:
    - https://govargo.github.io/charts-repository/happyhelm-1.0.0.tgz
```

```
    version: 1.0.0
generated: 2019-05-01T04:57:53.747695+09:00
```

リスト5.18では「version: 1.0.0」と「version: 1.1.0」のChartが目録として追加されています。

すでに第4章でChartリポジトリーの設定と公開は完了しています。本書ではGitHubを利用してChartリポジトリーを公開していますが、この時点では1.0.0のChartの情報だけが公開されています。

GitHubへのコミット・プッシュが完了したら、Helm Client側のリポジトリーの更新を行います。Helmでは明示的にClient側のリポジトリー情報を更新する必要があるため、注意してください。

helm repo updateを実行することでリポジトリー情報を更新します。

```
$ helm repo update
Hang tight while we grab the latest from your chart repositories...
...Skip local chart repository
...Successfully got an update from the "govargo" chart repository
...Successfully got an update from the "incubator" chart repository
...Successfully got an update from the "stable" chart repository
Update Complete. Happy Helming!
```

Chartの情報が更新されたかhelm searchで確認を行います。

```
$ helm search happyhelm
NAME CHART VERSION APP VERSION DESCRIPTION
govargo/happyhelm 1.1.0 1.0.0 Echo Happy Helming(via Envoy Proxy).
```

CHART VERSIONが1.1.0にバージョンアップしていることが確認できました。

これで1.1.0のChartに対してhelm fetchやhelm installコマンドも利用できるようになりました。

旧バージョンである1.0.0のChartを指定したい場合は--versionをフラグとして付けることで実現できます。次のコマンドは1.0.0のChartを指定した例です。

```
$ helm install --name happyhelm --version 1.0.0 govargo/happyhelm
```

本章の最後に、更新したバージョン1.1.0のChartをインストールしてみましょう。

```
$ helm install --name happyhelm govargo/happyhelm
NAME: happyhelm
LAST DEPLOYED: Wed May 1 05:13:59 2019
NAMESPACE: default
STATUS: DEPLOYED

RESOURCES:
```

第5章 Helm Chartを発展させよう 125

```
==> v1/ConfigMap
NAME DATA AGE
happyhelm-envoy 1 0s


==> v1/Deployment
NAME READY UP-TO-DATE AVAILABLE AGE
happyhelm 0/1 1 0 0s
happyhelm-envoy 0/2 0 0 0s

==> v1/Pod(related)
NAME READY STATUS RESTARTS AGE
happyhelm-65cf5fc4bf-z9khq 0/1 ContainerCreating 0 0s
happyhelm-envoy-b699bb969-mgr9q 0/1 ContainerCreating 0 0s
happyhelm-envoy-b699bb969-z6bm8 0/1 ContainerCreating 0 0s

==> v1/Service
NAME TYPE CLUSTER-IP EXTERNAL-IP PORT(S) AGE
envoy LoadBalancer 10.7.246.63 <pending> 10000:31647/TCP 0s

happyhelm ClusterIP 10.7.245.31 <none> 80/TCP 0s

==> v1beta1/PodDisruptionBudget
NAME MIN AVAILABLE MAX UNAVAILABLE ALLOWED DISRUPTIONS AGE
happyhelm-envoy N/A 1 0 0s


NOTES:
1. Get the application URL by running these commands:
NOTE: It may take a few minutes for the LoadBalancer IP to be available.
You can watch the status of by running 'kubectl get \
--namespace default svc -w envoy'
export SERVICE_IP=$(kubectl get svc --namespace default \
envoy -o jsonpath='{.status.loadBalancer.ingress[0].ip}')
curl http://$SERVICE_IP:10000
```

NOTESの指示にしたがってアクセスをすると、「Happy Helming XXXXX!」と表示されます。

以上で、自作アプリケーションのChartが完成しました。

ここまでの長旅、本当にお疲れ様でした。

本書では省きましたが、IngressやSecret、PersistentVolumeを組み合わせたChartも実際には多く使うことになるでしょう。本書のチュートリアルだけでは物足りないという方は、ぜひ自作Chartにそれらの機能を追加してみてください。

複雑な実装をしようとした時に、どう実装していけばいいか分からないときもあるかもしれません。

幸い、GitHubの公式リポジトリ[6]には、世界中の技術者たちが更新し続けている読みきれない

6.GitHub helm/chartshttps://github.com/helm/charts

ほどの多くのChartが存在しています。

それを利用するも良し、お手本とするも良し、コントリビュートするのもまた良しです。

ぜひHelmを活用してみてください。

付録A　コマンドチートシート

図A.1: Helm コマンドリスト

コマンド	概要
helm completion	自動入力補完用のスクリプトを生成する
helm create	指定した名前の Chart テンプレートを生成する
helm delete	指定した Release をクラスタから削除する
helm dependency	Chart の依存関係を管理する
helm fetch	Chart をリポジトリからダウンロードする
helm get	指定した Release を YAML 形式で取得する
helm history	指定した Release の履歴を表示する
helm home	$HELM_HOME の場所を表示する
helm init	クライアントとサーバーを初期化する
helm inspect	Chart を検査する
helm install	Chart をクラスタにインストールする
helm lint	Chart を構文チェックする
helm list	Release のリストを表示する
helm package	Chart をアーカイブする
helm plugin	Plugin の追加や削除、一覧表示をする
helm repo	Chart リポジトリの追加や削除、更新、一覧表示をする
helm reset	Tiller をクラスターからアンインストールし、ローカルの設定内容を消去する
helm rollback	Release を指定したバージョンにロールバックする
helm search	指定したキーワードで Chart を検索する
helm serve	HTTP サーバーを起動する
helm status	指定した Release のステータスを確認する
helm template	templates 配下の YAML ファイルを表示する
helm test	指定した Release をテストする
helm upgrade	指定した Release を更新する
helm verify	署名された Provenance ファイルの妥当性を検証する
helm version	クライアントとサーバーのバージョンを表示する

A.0.1　helm completion

自動入力補完用のスクリプトを生成する

```
$ helm completion bash

$ source <(helm completion bash)
```

A.0.2　helm create

指定した名前のChartテンプレートを生成する

```
$ helm create [NAME]
```

A.0.3　helm delete

指定したReleaseをクラスターから削除する

```
$ helm delete [RELEASE-NAME]

# 完全削除
$ helm delete --purge RELEASE-NAME
```

A.0.4　helm dependency

Chartの依存関係を管理する

A.0.4.1　helm dependency build
requirements.yamlファイルの内容を元に、Chartリポジトリーから.tgzファイルをダウンロードし、charts/ディレクトリー配下にコピー配置する

```
$ helm dependency build [CHART]
```

A.0.4.2　helm dependency list
依存関係のあるChartの一覧を表示する

```
$ helm dependency list [CHART]
```

A.0.4.3　helm dependency update
requirements.yamlのファイルの内容を元に、古い依存関係のChartをクリーンアップし、最新のChartをダウンロードする

```
$ helm dependency update [CHART]
```

A.0.5 helm fetch

Chartをリポジトリーからダウンロードする

```
$ helm fetch [chart URL | repo/chartname]
```

A.0.6 helm get

指定したReleaseをYAML形式で取得する

```
$ helm get [RELEASE-NAME]
```

A.0.6.1 helm get hooks
指定したReleaseのHOOKSをYAML形式で取得する

```
$ helm get hooks [RELEASE-NAME]
```

A.0.6.2 helm get manifest
指定したReleaseのマニフェストをYAML形式で取得する

```
$ helm get manifest [RELEASE-NAME]
```

A.0.6.3 helm get notes
指定したReleaseのNOTESをYAML形式で取得する

```
helm get notes [RELEASE-NAME]
```

A.0.6.4 helm get values
指定したReleaseのVALUESをYAML形式で取得する

```
helm get values [RELEASE-NAME]
```

A.0.7 helm history

指定したReleaseの履歴を表示する

```
helm history [RELEASE-NAME]

# 履歴数を指定
$ helm history [RELEASE-NAME] --max=4
```

A.0.8 helm home

$HELM_HOMEの場所を表示する

```
$ helm home
```

A.0.9 helm init

クライアントとサーバーを初期化する

```
$ helm init

# クライアントのみ初期化
$ helm init --client-only
```

A.0.10 helm inspect

Chartを検査する。README.mdやvalues.yamlの情報を取得する

```
helm inspect [CHART]
```

A.0.10.1 helm inspect readme
README.mdの情報を取得する

```
$ helm inspect readme [CHART]
```

A.0.10.2 helm inspect values
values.yamlの情報を取得する

付録A コマンドチートシート 131

```
$ helm inspect values [CHART]
```

A.0.11　helm install

Chartをクラスターにインストールする

```
# ファイル指定してインストール
$ helm install -f values.yaml [CHART]

# コマンドラインでパラメータ指定
$ helm install --set name=prod [CHART]

# Release名と名前空間を指定
$ helm install --name [NAME] --namespace [NAMESPACE] [CHART]
```

A.0.12　helm lint

Chartを構文チェックする

```
$ helm lint [PATH]
```

A.0.13　helm list

Releaseのリストを表示する

```
$ helm list

# 全てのステータスのReleaseを一覧表示
$ helm list --all
```

A.0.14　helm package

Chartをアーカイブする

```
$ helm package [CHART-PATH]
```

A.0.15　helm plugin

Pluginの追加や削除、一覧表示をする

A.0.15.1　helm plugin install
Pluginを追加する

```
$ helm plugin install <path|url>
```

A.0.15.2　helm plugin list
Pluginを一覧表示する

```
$ helm plugin list
```

A.0.15.3　helm plugin remove
Pluginを削除する

```
$ helm plugin remove <plugin>
```

A.0.15.4　helm plugin update
Pluginを更新する

```
$ helm plugin update <plugin>
```

A.0.16　helm repo

Chartリポジトリーの追加や削除、更新、一覧表示をする

A.0.16.1　helm repo add
Chartリポジトリーをクライアントに追加する

```
$ helm repo add [NAME] [URL]
```

A.0.16.2　helm repo index
Chartリポジトリーのindex.yamlを作成する

```
$ helm repo index [DIR]

# Chart リポジトリーの URL を指定
# helm repo index [DIR] --url [URL]
```

A.0.16.3　helm repo list

クライアントの Chart リポジトリーを一覧表示する

```
$ helm repo list
```

A.0.16.4　helm repo remove

Chart リポジトリーをクライアントから削除する

```
$ helm repo remove [NAME]
```

A.0.16.5　helm repo update

クライアントの Chart リポジトリーを更新する

```
$ helm repo update
```

A.0.17　helm reset

Tiller をクラスターからアンインストールし、ローカルの設定内容を消去する

```
$ helm reset
```

A.0.18　helm rollback

Release を指定したバージョンにロールバックする

```
$ helm rollback [RELEASE] [REVISION]
```

A.0.19　helm search

指定したキーワードで Chart を検索する

```
$ helm search [keyword]
```

A.0.20　helm serve

HTTPサーバーを起動する

```
$ helm serve
```

A.0.21　helm status

指定したReleaseのステータスを確認する

```
$ helm status [RELEASE-NAME]
```

A.0.22　helm template

templates配下のYAMLファイルを表示する

```
$ helm template [CHART]
```

A.0.23　helm test

指定したReleaseをテストする

```
$ helm test [RELEASE-NAME]

# テスト完了後にテスト用Podを消去する
$ helm test --cleanup [RELEASE-NAME]
```

A.0.24　helm upgrade

指定したReleaseを更新する

```
# ファイル指定してインストール
$ helm upgrade -f values.yaml [RELEASE] [CHART]

# コマンドラインでパラメータ指定
$ helm upgrade --set name=prod [RELEASE] [CHART]
```

付録A　コマンドチートシート　135

A.0.25　helm verify

署名されたProvenanceファイルの妥当性を検証する

```
$ helm verify [PATH]
```

A.0.26　helm version

クライアントとサーバーのバージョンを表示する

```
$ helm version
```

付録B　Chart用変数チートシート

図B.1: 組込変数一覧

変数名	概要
Release.Name	Release 名
Release.Time	Release した時間
Release.Namespace	Release した名前空間
Release.Service	Release するサービス（常に Tiller になる）
Release.Revision	Release の履歴番号（1 からインクリメントされる）
Release.IsUpgrade	upgrade か rollback 操作の場合、「true」がセットされる
Release.IsInstall	install 操作の場合、「true」がセットされる
Values	values.yaml に定義した変数。変数名は任意で定義できる
Chart.ApiVersion	Chart API バージョン（常に v1）
Chart.Name	Chart の名前
Chart.Version	セマンティックバージョン
Chart.KubeVersion	互換性のある Kubernetes バージョン
Chart.Description	Chart の概要一文
Chart.Home	ホームページの URL
Chart.Sources	ソースコードの URL
Chart.Maintainers	Chart のメンテナーの名前と Email（配列）
Chart.engine	テンプレートエンジン（デフォルト「gotpl」）
Chart.Icon	アイコンの URL
Chart.AppVersion	コンテナアプリのバージョン
Chart.Deprecated	Chart が推奨/非推奨か否か（Boolean）
Chart. illerVersion	Chart が必要とする Tiller のバージョン
File.Get	Chart ディレクトリの追加ファイルの中身を取得する
File.GetBytes	Chart ディレクトリの追加ファイルの中身をバイト配列で取得する
Capabilities.APIVersions	Kubernetes リソースのバージョン
Capabilities.APIVersions.Has	指定バージョンが存在するかしないかを返す（Boolean）
Capabilities.KubeVersion	コンテキストの Kubernetes バージョン（Major、Minor なども部分取得可能）
Capabilities.TillerVersion	コンテキストの Tiller バージョン
Template.Name	カレントの相対ファイルパス
Template.BasePath	templates ディレクトリの相対パス

付録C　Chart用Sprig Functionsチートシート

C.1　String Functions

C.1.1　trim

文字列の両側の余白を取り除く

```
trim " hello "
```

出力結果： hello

C.1.2　trimAll

文字列の前後から指定した値を取り除く

```
trimAll "$" "$5.00"
```

出力結果： 5.00

C.1.3　trimSuffix

文字列の後ろから指定した文字を取り除く

```
trimSuffix "-" "hello-"
```

出力結果： hello

C.1.4　trimPrefix

文字列の頭から指定した文字を取り除く

```
trimPrefix "-" "-hello"
```

出力結果： hello

C.1.5　upper

文字列全体を大文字に変換する

```
upper "hello"
```

出力結果： HELLO

C.1.6 lower

文字列全体を小文字に変換する

```
lower "HELLO"
```

出力結果： hello

C.1.7 title

タイトルケース（文字の先頭が大文字）に変換する

```
title "hello world"
```

出力結果： Hello World

C.1.8 untitle

文字の先頭を小文字に変換する

```
untitle "Hello World"
```

出力結果： hello world

C.1.9 repeat

文字列を複数回繰り返し結合する

```
repeat 3 "hello"
```

出力結果： hellohellohello

C.1.10 substr

文字列から文字を切り取る。始点（int）、終点（int）、文字列（string）がパラメータとして必要

付録C　Chart用Sprig Functionsチートシート　139

```
substr 0 5 "hello world"
```

　出力結果： hello

C.1.11　nospace

　文字列から空白を取り除く

```
nospace "hello w o r l d"
```

　出力結果： helloworld

C.1.12　trunc

　文字列を切り詰める（接頭辞をつけない）

```
trunc 5 "hello world"
```

　出力結果： hello

C.1.13　abbrev

　省略記号（...）で文字を切り詰める。最大文字数と文字列をパラメータとして指定する

```
abbrev 5 "hello world"
```

　出力結果： he...

C.1.14　abbrevboth

　文字列の両端を省略記号（...）で切り詰める。始点（int）、最大文字数、文字列がパラメータとして必要

```
abbrevboth 5 10 "1234 5678 9123"
```

　出力結果： ...5678...

C.1.15　initials

　複数の単語を与えると、それぞれの文字の頭文字をとって結合する

140　　付録C　Chart用Sprig Functions チートシート

```
initials "First Try"
```

出力結果： FT

C.1.16　randAlphaNum, randAlpha, randNumeric, randAscii

暗号としてセキュアな文字列を生成する。それぞれのfunctionが生成する文字列には次の違いがある

・randAlphaNum: 0-9a-zA-Z

・randAlpha: a-zA-Z

・randNumeric: 0-9

・randAscii: ASCII 文字

文字列の長さをパラメータとして指定する

```
randAscii 3
```

出力結果： u0&※出力結果は毎回異なる

C.1.17　wrap

指定した数でテキストを折り返す

```
wrap 80 $someText
```

出力結果： 80桁目で$someTextのテキストが改行される

C.1.18　wrapWith

wrapのように動作するが、挿入する文字を指定できる（wrapは改行文字（\n））

```
wrapWith 5 "\t" "Hello World"
```

出力結果： Hello World ※HelloとWorldの間にタブ文字が挿入される

C.1.19　contains

ある文字列が他の文字列の中に一致するかどうかを確かめる。戻り値はBoolean

```
contains "cat" "catch"
```

出力結果： true

C.1.20 hasPrefix, hasSuffix

プレフィックスかサフィックスが文字列と一致するかどうかを確かめる。戻り値はBoolean

```
hasPrefix "cat" "catch"
```

出力結果： true

C.1.21 quote

ダブルクォーテーションを付与する

```
quote 1
```

出力結果： "1"

C.1.22 squote

シングルクォーテーションを付与する

```
squote 1
```

出力結果： '1'

C.1.23 cat

複数の文字列をひとつの単語に結合する（単語間は空白で分離される）

```
cat "hello" "beautiful" "world"
```

出力結果： hello beautiful world

C.1.24 indent

指定された文字列の各行を指定されたインデント幅にインデントする。複数行の文字列のインデントを揃えるのに役立つ

```
indent 4 $lots_of_text
```

出力結果： テキストの各行のインデントが4つ字下げする

142 | 付録C Chart用Sprig Functionsチートシート

C.1.25 nindent

indentと同じ機能をもつが、文字の最初に新規行が追加される

```
nindent 4 $lots_of_text
```

出力結果：新規行が先頭に追加され、テキストの各行のインデントが4つ字下げする

C.1.26 replace

文字を置換する。置換対象と置換する文字、対象の文字列がパラメータとして必要

```
"I Am Henry VIII" | replace " " "-"
```

出力結果：I-Am-Henry-VIII

C.1.27 plural

引数に応じて出力文字列が変動する

```
len $fish | plural "one anchovy" "many anchovies"
```

出力結果：$fishの長さが1の場合は"one anchovy"、それ以外の場合は"many anchovies"が出力される

C.1.28 snakecase

キャメルケース（各単語や要素語の先頭の文字を大文字で表記）をスネークケース（単語の間をアンダーバーで繋ぐ）に変換する

```
snakecase "FirstName"
```

出力結果：first_name

C.1.29 camelcase

スネークケースをキャメルケースに変換する

```
camelcase "http_server"
```

出力結果：HttpServer

付録C　Chart用Sprig Functionsチートシート　143

C.1.30 kebabCase

キャメルケースをケバブケース（単語の間をハイフンで繋ぐ）に変換する

```
kebabcase "FirstName"
```

出力結果： first-name

C.1.31 swapcase

文字列の大文字と小文字を変換する

```
swapcase "This Is A.Test"
```

出力結果： tHIS iS a.tEST

C.1.32 shuffle

文字をシャッフルする

```
shuffle "hello"
```

出力結果： lhole ※出力結果は毎回異なる

C.1.33 regexMatch

指定した文字列が正規表現に一致していればtrueを返す

```
regexMatch "^[A-Za-z0-9._%+-]+@[A-Za-z0-9.-]+\\.[A-Za-z]{2,}$" "test@acme.com"
```

出力結果： true

C.1.34 regexFindAll

指定した文字列が正規表現と一致しているスライスを返す。最後の数字パラメータが切り詰める文字の長さを指定する。「-1」は全一致を意味する

```
regexFindAll "[2,4,6,8]" "123456789" -1
```

出力結果： [2 4 6 8]

144 | 付録C　Chart用 Sprig Functions チートシート

C.1.35　regexFind

指定した文字列が正規表現と最初に一致している箇所を返す

```
regexFind "[a-zA-Z][1-9]" "abcd1234"
```

出力結果：d1

C.1.36　regexReplaceAll

正規表現で一致した箇所を置換文字列で置換する。$|1|は最初のサブマッチのテキストを表しており、その値を評価する

```
regexReplaceAll "a(x*)b" "-ab-axxb-" "${1}W"
```

出力結果：-W-xxW-

C.1.37　regexReplaceAllLiteral

正規表現で一致した箇所を置換文字列で置換する。置換文字列を評価せず、直接置換する

```
regexReplaceAllLiteral "a(x*)b" "-ab-axxb-" "${1}"
```

出力結果：-$|1|-$|1|-

C.1.38　regexSplit

正規表現で一致した文字をスライスし、切り取られた箇所以外をスライスで返す。

```
regexSplit "z+" "pizza" -1
```

出力結果：[pi a]

C.2　String Slice Functions

C.2.1　join

指定した区切り文字で、文字列リストをひとつの文字列に結合する

```
list "hello" "world" | join "_"
```

付録C　Chart用Sprig Functionsチートシート　│　145

出力結果：hello_world

```
list 1 2 3 | join "+"
```

出力結果：1+2+3

C.2.2 splitList

指定した区切り文字で文字列を分割し、スライスを返す

```
splitList "$" "foo$bar$baz"
```

出力結果：[foo bar baz]

C.2.3 split

指定した区切り文字で文字列を分割し、インデックス付きのマップを返す

```
$a := split "$" "foo$bar$baz"
```

出力結果：|_0: foo, _1: bar, _2: baz|

```
$a._0
```

出力結果：foo

C.2.4 splitn

指定した区切り文字で、指定した数だけ文字列を分割し、インデックス付きのマップを返す。

```
$a := splitn "$" 2 "foo$bar$baz"
```

出力結果：|_0: foo, _1: bar$baz|

```
$a._0
```

出力結果：foo

C.2.5　sortAlpha

リストの文字列をアルファベット順に並び替える

```
splitList "$" "foo$bar$baz" | sortAlpha
```

出力結果： [bar baz foo]

C.3　Math Functions

C.3.1　add

指定した数字を足す

```
add 1 2
```

出力結果： 3

C.3.2　add1

インクリメントする

```
add1 1
```

出力結果： 2

C.3.3　sub

指定した数を引く

```
sub 1 2
```

出力結果： -1

C.3.4　div

指定した数を割る

```
div 4 2
```

出力結果： 2

C.3.5 mod

指定した数で割った余りを出す

```
mod 3 2
```

出力結果： 1

C.3.6 mul

指定した数をかける

```
mul 3 2
```

出力結果： 6

C.3.7 max

最大値を返す

```
max 1 2 3
```

出力結果： 3

C.3.8 min

最小値を返す

```
min 1 2 3
```

出力結果： 1

C.3.9 floor

指定した数の小数点以下を切り捨てる

```
floor 123.9999
```

出力結果： 123

C.3.10 ceil

指定した数の小数点以下を切り上げる

```
ceil 123.001
```

出力結果： 124.0

C.3.11 round

指定した数の小数点以下を、指定した桁数で四捨五入する

```
round 123.555555 3
```

出力結果： 123.556

C.4 Integer Slice Functions

C.4.1 until

連番の整数リストを返す

```
until 5
```

出力結果： [0 1 2 3 4]
次のようなループ構文で役立ちます

```
range $i, $e := until 5
```

C.4.2 untilStep

untilのように整数のリストを生成する。始点、終点、増分を定義できる

```
untilStep 3 6 2
```

出力結果： [3 5]

C.5　Date Functions

C.5.1　now

現在の日付/時刻を返す

```
now
```

出力結果：　2019-04-21 16:09:22.226999898 +0000 UTC m=+12355.096802370

C.5.2　ago

指定した時間からの経過時間を秒単位で返す

```
ago .CreatedAt
```

出力結果：　0s

C.5.3　date

指定した形式で日付を返す

```
now | date "2006-01-02"
```

出力結果：　2019-04-21

C.5.4　dateInZone

指定した形式で日付を、指定したタイムゾーンで返す

```
dateInZone "2006-01-02" (now) "UTC"
```

出力結果：　2019-04-21

C.5.5　dateModify

指定した時間を増減し、タイムスタンプを返す。次の例は現在時刻から1時間と30分を減算する

```
now | date_modify "-1.5h"
```

出力結果：　2019-04-21 15:01:34.597745405 +0000 UTC m=+8287.443764057

C.5.6　htmlDate

HTMLの日付選択入力フィールドに挿入するための日付をフォーマットする

```
now | htmlDate
```

出力結果： 2019-04-21

C.5.7　htmlDateInZone

HTMLの日付選択入力フィールドに挿入するための日付を、指定したタイムゾーンでフォーマットする

```
htmlDateInZone (now) "UTC"
```

出力結果： 2019-04-21

C.5.8　toDate

文字列を日付に変換する。日付形式と対象の日付文字列を指定する。
文字列の日付をパイプを使って別の形式に変換したいときに役立つ

```
toDate "2006-01-02" "2017-12-31" | date "02/01/2006"
```

出力結果： 31/12/2017

C.5.9　Default Functions

C.5.10　default

デフォルト値を設定する

```
default "foo" .Bar
```

出力結果： .Barが未定義または空白値の場合はfoo、そうでなければ.Barの値

C.5.11　empty

指定された値が未定義または空白値の場合はtrueを返す

```
empty .Foo
```

付録C　Chart用Sprig Functionsチートシート ｜ 151

出力結果：.Foo が未定義または空白値の場合は true、そうでなければ false

C.5.12　coalesce

複数の値から最初の空白値でないものを返す

```
coalesce 0 1 2
```

出力結果：1 ※ 0 は空白値と見なされる

C.5.13　toJson

指定した要素を JSON 形式で返却する

```
# 次の定義があると想定
Item:
first: abc
second: def

toJson .Item
```

出力結果：{"first":"abc","second":"def"}

C.5.14　toPrettyJson

指定した要素を整形された JSON 形式で返却する

```
# 次の定義があると想定
Item:
first: abc
second: def

toPrettyJson .Item
```

出力結果：{"first": "abc","second": "def"}

C.5.15　ternary

ふたつの値と Boolen の引数をとる。Boolean が true の場合はひとつ目の値を返し、false の場合はふたつ目の値を返す

```
ternary "foo" "bar" true
true | ternary "foo" "bar"
```

出力結果： foo

```
ternary "foo" "bar" false
false | ternary "foo" "bar"
```

出力結果： bar

C.6　Encoding Functions

C.6.1　b64enc

base64でエンコードする

```
b64enc "hello"
```

出力結果： aGVsbG8=

C.6.2　b64dec

base64でデコードする

```
b64dec "aGVsbG8="
```

出力結果： hello

C.6.3　b32enc

base32でエンコードする

```
b32enc "hello"
```

出力結果： NBSWY3DP

C.6.4　b32dec

base32でデコードする

```
b32dec "NBSWY3DP"
```

出力結果： hello

付録C　Chart用Sprig Functionsチートシート │ 153

C.7 Lists and List Functions

C.7.1 list

指定した値をリスト化する

```
list 1 2 3 4 5
```

出力結果： [1 2 3 4 5]

C.7.2 first

リストの最初の値を返す

```
$myList := list 1 2 3 4 5

first $myList
```

出力結果： 1

C.7.3 rest

リストの最初の値以外の全ての値を返す

```
$myList := list 1 2 3 4 5

rest $myList
```

出力結果： [2 3 4 5]

C.7.4 last

リストの最後の値を返す

```
$myList := list 1 2 3 4 5

last $myList
```

出力結果： 5

C.7.5 initial

リストの最後の値以外の全ての値を返す

```
$myList := list 1 2 3 4 5

initial $myList
```

出力結果：[1 2 3 4]

C.7.6　append

リストの最後に要素を追加する

```
$myList := list 1 2 3 4 5

append $myList 6
```

出力結果：[1 2 3 4 5 6]

C.7.7　prepend

リストの最初に要素を追加する

```
$myList := list 1 2 3 4 5

prepend $myList 0
```

出力結果：[0 1 2 3 4 5]

C.7.8　reverse

リストの要素を逆順にする

```
$myList := list 1 2 3 4 5

reverse $myList
```

出力結果：[5 4 3 2 1]

C.7.9　uniq

重複した値を排除したリストを生成する

```
list 1 1 1 2 | uniq
```

付録C　Chart用 Sprig Functions チートシート　155

出力結果： [1 2]

C.7.10 without

指定した要素をリストから取り除く

```
$myList := list 1 2 3 4 5

without $myList 1 3 5
```

出力結果： [2 4]

C.7.11 has

指定した要素がリストにある場合はtrueを返し、そうでない場合はfalseを返す

```
$myList := list 1 2 3 4 5

has 4 $myList
```

出力結果： true

C.7.12 slice

リストから特定の値を取得する

```
$myList := list 1 2 3 4 5

slice $myList 3
```

出力結果： [4 5]

```
$myList := list 1 2 3 4 5

slice $myList 1 3
```

出力結果： [2 3]

C.8 Dictionaries and Dict Functions

C.8.1 dict

指定した値のマップを返す

```
$myDict := dict "name1" "value1" "name2" "value2" "name3" "value 3"
```

出力結果： map[name1:value1 name2:value2 name3:value 3]

C.8.2 set

指定したキーと値をマップに追加する

```
$myDict := dict "name1" "value1" "name2" "value2" "name3" "value 3"

$_ := set $myDict "name4" "value4"
```

出力結果： map[name1:value1 name2:value2 name3:value 3 name4:value4]

C.8.3 unset

指定したキーをマップから除外する

```
$myDict := dict "name1" "value1" "name2" "value2" "name3" "value 3"

$_ := unset $myDict "name3"
```

出力結果： map[name1:value1 name2:value2]

C.8.4 hasKey

指定したキーがマップにある場合はtrueを返し、そうでない場合はfalseを返す

```
$myDict := dict "name1" "value1" "name2" "value2" "name3" "value 3"

hasKey $myDict "name1"
```

出力結果： true

C.8.5 pluck

指定したキーが複数のマップの中から合致したときに、値を返す

```
$myDict := dict "name1" "value1" "name2" "value2" "name3" "value 3"
$myOtherDict := dict "name1" "oValue1" "name2" "oValue2" "name3" "oValue 3"

pluck "name1" $myDict $myOtherDict
```

付録C　Chart用Sprig Functionsチートシート | 157

出力結果： [value1 oValue1]

C.8.6　merge

ふたつ以上のマップを結合して返す

```
$myDict := dict "name1" "value1"
$myOtherDict := dict "name2" "oValue2"

merge $myDict $myOtherDict
```

出力結果： map[name1:value1 name2:oValue2]

C.8.7　mergeOverwrite

ふたつ以上のマップを結合して、右側の引数を優先し、上書きして返す

```
$myDict := dict "name1" "value1"
$myOtherDict := dict "name1" "oValue1"

mergeOverwrite $myDict $myOtherDict
```

出力結果： map[name1:oValue1]

C.8.8　keys

ひとつ以上のマップからキーだけを返す

```
$myDict := dict "name1" "value1" "name2" "value2" "name3" "value 3"

keys $myDict
```

出力結果： [name1 name2 name3]

C.8.9　pick

マップから指定したキーとその値を抜き取り、新しいマップを返す

```
$myDict := dict "name1" "value1" "name2" "value2" "name3" "value 3"

pick $myDict "name1" "name2"
```

出力結果： map[name2:value2 name1:value1]

158　　付録C　Chart用 Sprig Functions チートシート

C.8.10 omit

マップから指定したキーとその値を取り除いて、新しいマップを返す

```
$myDict := dict "name1" "value1" "name2" "value2" "name3" "value 3"

omit $myDict "name1" "name3"
```

出力結果： map[name2:value2]

C.8.11 values

ひとつのマップから値だけを返す

```
$myDict := dict "name1" "value1" "name2" "value2" "name3" "value 3"

values $myDict
```

出力結果： [value1 value2 value 3]

C.9 Type Conversion Functions

C.9.1 atoi

文字列を数字に変換する

```
atoi "1"
```

出力結果： 1

C.9.2 float64

文字列または数字をfloat64に変換する

```
float64 "100.000001"
```

出力結果： 100.000001

C.9.3 int

intに変換する

付録C　Chart用Sprig Functionsチートシート | 159

```
int "1"
```

出力結果： 1

C.9.4 int64

int64に変換する

```
int64 100.000001
```

出力結果： 100

C.9.5 toString

文字列に変換する

```
toString 1
```

出力結果： 1

```
toString 1 | kindOf
```

出力結果： string

C.9.6 toStrings

リストやスライスなどを文字列のリストで返す

```
list 1 2 3 | toStrings
```

出力結果：[1 2 3]

```
list 1 2 3 | toStrings | first | kindOf
```

出力結果： string

C.10　File Path Functions

C.10.1　base

パスの最後の要素を返す

```
base "foo/bar/baz"
```

出力結果： baz

C.10.2　dir

パスの最後の要素を削除して、ディレクトリーのパスを返す

```
dir "foo/bar/baz"
```

出力結果： foo/bar

C.10.3　clean

パスを解決する

```
clean "foo/bar/../baz"
```

出力結果： foo/baz

C.10.4　ext

ファイル拡張子を返す

```
ext "foo.bar"
```

出力結果： .bar

C.10.5　isAbs

パスが絶対パスの場合はtrueを返し、相対パスの場合はfalseを返す

```
isAbs "foo/bar/../baz"
```

出力結果： false

C.11　Flow Control Functions

C.11.1　fail

無条件で空文字とエラーを発生させ、任意のテキストを返す。テンプレートのレンダリングが失敗するようなシナリオで役立つ

```
fail "Please accept the end user license agreement"
```

出力結果： error calling fail: Please accept the end user license agreement

C.12　Advanced Functions

C.12.1　UUID Functions

C.12.2　uuidv4

UUID v4のユニークなIDを生成する

```
uuidv4
```

出力結果： 5b23ddee-931c-45f3-9fd8-281cbaa34463
※出力結果は毎回異なる

C.12.3　Semantic Version Functions

C.12.4　semver

文字列をセマンティックバージョン形式に変換する

```
$version := semver "1.2.3-alpha.1+123"
$version.Major
```

出力結果： 1

```
$version.Minor
```

出力結果： 2

```
$version.Patch
```

出力結果： 3

162　付録C　Chart用Sprig Functionsチートシート

```
$version.Prerelease
```

出力結果： alpha.1

```
$version.Metadata
```

出力結果： 123

```
$version.Original
```

出力結果： 1.2.3-alpha.1+123

C.12.5 semverCompare

セマンティックバージョンが合致または範囲に含まれる場合はtrueを返し、そうでない場合はfalseを返す

```
semverCompare "1.2.3" "1.2.3"
```

出力結果： true

```
semverCompare "^1.2.0" "1.2.3"
```

出力結果： true

C.12.6 Reflection Functions

C.12.7 kindOf

オブジェクトのプリミティブ型を返す

```
kindOf "hello"
```

出力結果： string

C.12.8 kindls

指定した値が、指定したプリミティブ型だった場合はtrueを返し、そうでない場合はfalseを返す

```
kindIs "int" 123
```

出力結果： true

C.12.9 Cryptographic and Security Functions

C.12.10 sha1sum

指定した文字列のSHA1ダイジェストを計算する

```
sha1sum "Hello world!"
```

出力結果： d3486ae9136e7856bc42212385ea797094475802

C.12.11 sha256sum

指定した文字列のSHA256ダイジェストを計算する

```
sha256sum "Hello world!"
```

出力結果： c0535e4be2b79ffd93291305436bf889314e4a3faec05ecffcbb7df31ad9e51a

C.12.12 adler32sum

指定した文字列のAdler-32チェックサムを計算する

```
adler32sum "Hello world!"
```

出力結果： 487130206

C.12.13 derivePassword

マスターパスワード制約に基づいたパスワードを作成する

```
derivePassword 1 "long" "password" "user" "example.com"
```

出力結果： ZedaFaxcZaso9*

C.12.14 genPrivateKey

指定したタイプの秘密鍵を生成する。引数として「ecdsa」「dsa」「rsa」のいずれかを指定する

```
genPrivateKey "ecdsa"
```

出力結果：

```
-----BEGIN EC PRIVATE KEY-----
MHcCAQEEIMUQiBS5y+mGHu8brg5ndxhvLUHPyLvtT2kv6D1lk9vjoAoGCCqGSM49
AwEHoUQDQgAE0RgVP8IAKaLX7RUE9w5ECoGY0JKEC9dbLaUd8zq27nRDIHKICa
9sKua49uK5HG/p8FbERu/6LBZtM8BJot1w==
-----END EC PRIVATE KEY-----
```

※出力結果は毎回異なる

C.12.15 genCA

x509 自己証明の認証局証明書を作成する

```
genCA "foo-ca" 365
```

出力結果：

```
{-----BEGIN CERTIFICATE-----
MIIC7zCCAdegAwIBAgIRAOw4RY9HX5Ha1xi2t+7a89swDQYJKoZIhvcNAQELBQAw
ETEPMA0GA1UEAxMGZm9vLWNhMB4XDTE5MDQyMzE0NTQzNloXDTIwMDQyM
NlowETEPMA0GA1UEAxMGZm9vLWNhMIIBIjANBgkqhkiG9w0BAQEFAAOCAQ8A
CgKCAQEAxZmiygTbnkFw4qi7TG/sUzBHMGcLyzxuXNMFvQ+DIiBMnIYsga+BkqG
fCn2nDYyffNtOap+A6AUT+rA7XVvodwzAFdzCZea1Ef3Okywsu2gvPSCRjhQNXNm
ORZasoFTKlY5Do//GLS+7DHDZsbyHD3pBDjqo+PyObSHFodDqL3mptnLG+RzWn2
zoMRiwEIZKJ0ShPvlWNv3qzbxXq6OpHwzCm45YVlKNjufbw=
-----END CERTIFICATE-----
-----BEGIN RSA PRIVATE KEY-----
MIIEpgIBAAKCAQEAxZmiygTbnkFw4qi7TG/sUzBHMGcLyzxuXNMFvQ+DIiBMn
ga+BkqGifCn2nDYyffNtOap+A6AUT+rA7XVvodwzAFdzCZea1Ef3Okywsu2gvPSC
1meJAN/5/w8JGbyo+b7qOZogYxP8sndlo6XzQRU5P3Tsn766ToYc+I/gqkAsP52q
RXyqf3ZRmRgG7Q3/1pDVssUvAoGBAJoLPPHD9HYOVerNlAhpB7czyGKXJayoG
s1yzsi+G0qLybewE903KiGOyCJOTPh2TnORX3bvbpZoIMiqxR7mPO3wwle5e0Oy
+yvBJNi55dk/ARKDJCOaKZ7tIcHjNLy+cCgvesm+moln13620v2f5geW1Q6Z1Su3
9w6slgJBAoGBAIQvP/Fd5jDcP4ygufHQt5PCYCzY7Fyg1YBWKswKwyoQoLfBnB
YzYZkw4mkrSk5UINtjrwzXdxWNMNm3dYVVWKSaWJaOinXoeuw4Szu2HmRjt6
dGB/gzknuqIjW2g4ashYV6pW/Ccm94DhAXzca0xbk5rlvY+hFVLSr9L0
-----END RSA PRIVATE KEY-----
}
```

付録C　Chart 用 Sprig Functions チートシート | 165

※出力結果は毎回異なる

C.12.16　genSelfSignedCert

x509 自己証明書を発行する

```
genSelfSignedCert "foo.com" (list "10.0.0.1" "10.0.0.2")
(list "bar.com" "bat.com") 365
```

出力結果：

```
{-----BEGIN CERTIFICATE-----
MIIDFjCCAf6gAwIBAgIQN4qHJwUBNyGah9b/bm1LBjANBgkqhkiG9w0BAQsFA
MRAwDgYDVQQDEwdmb28uY29tMB4XDTE5MDQyMzE0NDk0NFoXDTIwMDQ
NFowEjEQMA4GA1UEAxMHZm9vLmNvbTCCASIwDQYJKoZIhvcNAQEBBQAD
AQoCggEBAOFKcK1Len/WgypmmLHqUHvCrwf+s2BEEek7xDGjyfG+DKC8mls
aBT8cD6i3IV1b+kdvf+AmmHcHX8Yi8cHxaBzgFLp2MwTWrKQYXpHIjErwtvpo
oGY1FOvZ953oHS4ivPcD2ga7aaQrnlcCAwEAAaNoMGYwDgYDVR0PAQH/BAQ
MB0GA1UdJQQWMBQGCCsGAQUFBwMBBggrBgEFBQcDAjAMBgNVHRMB
PhU/YDT/8WrB930MnvWvk9vh0HmQ64RrNdA=
-----END CERTIFICATE-----
-----BEGIN RSA PRIVATE KEY-----
MIIEpAIBAAKCAQEA4UpwrUt6f9aDKmaYsepQe8KvB/6zYEQR6TvEMaPJ8b4
WxbWKgNoFPxwPqLchXVv6R29/4CaYdwdfxiLxwfFoHOAUunYzBNaspBhekci
2+miS7LLyNMzIiCee7M6NS6mK/BdcFR9d2zSXatAoMjoyHbI2I4msbevPPTY6
hBUpYaDJ6LGzdaDR8M9pJIJbjPBX2bsyKTb7eC41YORGq6e92axQCJ77k4CO
X/2/fzPqen4St60ypFA3uPccttBOVOjY1Vo/ezyANza4ZQB/Wdi+A5II96WDKsq
TZcL7mVyuNJp8i2Ajw3NkaLbheqTYAK/jMR8ZsGI39X0V5rMh3TXvRSXwfzvH
QlyVQ62DWBlIuhoh/Eaxy00xqiA4B+ni3ENhHoi8UOIYfX/52Mw2pVpRiYVVSq
zFgavfQuEKEg8BZhXtg+Q4i//eW84w0UF4DDbOxS/34YECC2aAHJYA==
-----END RSA PRIVATE KEY-----
}
```

※出力結果は毎回異なる

C.12.17　genSignedCert

指定の認証局で署名されたx509証明書を作成する

```
$ca := genCA "foo-ca" 365

$cert := genSignedCert "foo.com" (list "10.0.0.1" "10.0.0.2")
(list "bar.com" "bat.com") 365 $ca
```

出力結果：

```
{-----BEGIN CERTIFICATE-----
MIIDFjCCAf6gAwIBAgIRAN++RhXLrpVTDGM4/9ZnORIwDQYJKoZIhvcNAQE
ETEPMA0GA1UEAxMGZm9vLWNhMB4XDTE5MDQyMzE1MDAwNFoXDTIwM
NFowEjEQMA4GA1UEAxMHZm9vLmNvbTCCASIwDQYJKoZIhvcNAQEBBQAD
AQoCggEBALS9tbi7HA4a8f+AXXc6YyZoM1sPRy30HnaYEJTtvSvoR1Y/NFaei2Id
2Vv7F7zcJO3nlAuq1YEstjP+ufKzbFCEb8ZRX+dzK/lhE8Vq+RYgJS9IfMMRXrm
YiarYNUIIQ7knDj1b5KgRvoYw1hsgXS00QMoqdnkQZVdredSOdi5TX+NdSU56tW
RVXszelLNMw9fXN50C0lATwWadvnbG/HMP4=
-----END CERTIFICATE-----
-----BEGIN RSA PRIVATE KEY-----
MIIEpAIBAAKCAQEAtL21uLscDhrx/4BddzpjJmgzWw9HLfQedpgQlO29K+hHVj
Vp6LYh3ZW/sXvNwk7eeUC6rVgSy2M/658rNsUIRvxlFf53Mr+WETxWr5FiAlL0h8
wxFeuYe4ETouh+Mkf0XsHZMNYEjIPvNCCYyEg9NmJJcuDVCXCPkR9B8b8sjPZ
Rg2ba2z/qpObVdaQe38uGb5tOweK8RghVE8GJ1GToaR2GowZlSEk5Uf1/nHGUke
zyyKJq/PwfhlxXFs8vfcBGlX3gRCNUgj/iICwu0KMyMp1YpCf3Vl+0djE/QT+jzB
NoXfsXQSP56fg5IRoZAShKaJdKRo9HZaZEicRwIDAQABAoIBAQCQzmm4rpiEq
k8TOkIX9sIBs1WnG5I4/oAew+mSUuA3niM4LFA1CN/38lsjm9E3WGbLgQie6zbL
7zSKf5KIEsZk4+otlNhpfrFAPIfe2AqnA1U2/4o/nKJ/fs9YkGKfKQ==
-----END RSA PRIVATE KEY-----
}
```

※出力結果は毎回異なる

著者紹介

磯 賢大 （いそ けんた）

システムインテグレーターで、アプリケーションエンジニアとして4年間業務システムの構築に従事する。2019年5月より転職し、インフラエンジニアとして基盤構築に携わる。最近の趣味はCNCFのプロダクトに触れること。

◎本書スタッフ
アートディレクター/装丁：岡田章志＋GY
編集協力：飯嶋玲子
デジタル編集：栗原 翔

〈表紙イラスト〉
二十四番町
webサイトの運用保守や上流工程に従事する2年目SE。
フリーでイラストや漫画や小説などを描いています。
最近の趣味はVR、フルスクラッチでモデリングして美少女になりました。

技術の泉シリーズ・刊行によせて
技術者の知見のアウトプットである技術同人誌は、急速に認知度を高めています。インプレスR&Dは国内最大級の即売会「技術書典」（https://techbookfest.org/）で頒布された技術同人誌を底本とした商業書籍を2016年より刊行し、これらを中心とした『技術書典シリーズ』を展開してきました。2019年4月、より幅広い技術同人誌を対象とし、最新の知見を発信するために『技術の泉シリーズ』へリニューアルしました。今後は「技術書典」をはじめとした各種即売会や、勉強会・LT会などで頒布された技術同人誌を底本とした商業書籍を刊行し、技術同人誌の普及と発展に貢献することを目指します。エンジニアの"知の結晶"である技術同人誌の世界に、より多くの方が触れていただくきっかけになれば幸いです。

株式会社インプレスR&D
技術の泉シリーズ 編集長 山城 敬

●お断り
掲載したURLは2019年6月1日現在のものです。サイトの都合で変更されることがあります。また、電子版ではURLにハイパーリンクを設定していますが、端末やビューアー、リンク先のファイルタイプによっては表示されないことがあります。あらかじめご了承ください。
●本書の内容についてのお問い合わせ先
株式会社インプレスR&D メール窓口
np-info@impress.co.jp
件名に『本書名』問い合わせ係」と明記してお送りください。
電話やFAX、郵便でのご質問にはお答えできません。返信までには、しばらくお時間をいただく場合があります。
なお、本書の範囲を超えるご質問にはお答えしかねますので、あらかじめご了承ください。
また、本書の内容については NextPublishing オフィシャルWebサイトにて情報を公開しております。
https://nextpublishing.jp/

●落丁・乱丁本はお手数ですが、インプレスカスタマーセンターまでお送りください。送料弊社負担 でお取り替え
させていただきます。但し、古書店で購入されたものについてはお取り替えできません。
■読者の窓口
インプレスカスタマーセンター
〒 101-0051
東京都千代田区神田神保町一丁目 105番地
TEL 03-6837-5016／FAX 03-6837-5023
info@impress.co.jp
■書店／販売店のご注文窓口
株式会社インプレス受注センター
TEL 048-449-8040／FAX 048-449-8041

技術の泉シリーズ

実践Helm─自作アプリをKubernetesクラスタに簡単デプロイ！

2019年7月5日　初版発行Ver.1.0（PDF版）

著　者　磯 賢大
編集人　山城 敬
発行人　井芹 昌信
発　行　株式会社インプレスR&D
　　　　〒101-0051
　　　　東京都千代田区神田神保町一丁目105番地
　　　　https://nextpublishing.jp/
発　売　株式会社インプレス
　　　　〒101-0051　東京都千代田区神田神保町一丁目105番地

●本書は著作権法上の保護を受けています。本書の一部あるいは全部について株式会社インプレスR
&Dから文書による許諾を得ずに、いかなる方法においても無断で複写、複製することは禁じられていま
す。

©2019 Kenta Iso. All rights reserved.
印刷・製本　京葉流通倉庫株式会社
Printed in Japan

ISBN978-4-8443-7805-1

NextPublishing®

●本書はNextPublishingメソッドによって発行されています。
NextPublishingメソッドは株式会社インプレスR&Dが開発した、電子書籍と印刷書籍を同時発行できる
デジタルファースト型の新出版方式です。https://nextpublishing.jp/